佐伯千津の美肌课堂

日本日经商业出版 编著

厉晓静 译

河北科学技术出版社

佐伯千津的 美肌课堂

受用一生的佐伯式肌肤护理·················21

佐伯式日常护理·晨间护理

●佐伯式晨间活血

佐伯式日常护理·夜间护理

●洗浴时间 提升女性魅力

佐伯式季节护理·解决季节皮肤烦恼的特殊技巧

佐伯千津老师直接传授内在美容的力量……86

来自佐伯千津老师的生存方式应对信息… 109

佐伯式肌肤护理

有效的肌肤护理是有科学依据的

佐伯式肌肤护理的特征

1 发挥手掌热度的作用

2 不依赖化妆品，活用自身的力量

3 领先季节，避开肌肤问题

4 通过"美肤饮食"从内部创造美

使用佐伯式肌肤护理法，让您的肌肤不断变美。这其中，有四个科学依据。

其一，手掌的热度可以修复肌肤；其二，让化妆品见效必须按照其"使用方法"使用；其三，如果领先季节进行肌肤护理，就可以更好地应对由于气候变化造成的肌肤问题；其四，肌肤可以从食物开始打造。如果在了解这些科学依据的前提下进行肌肤护理，将会事半功倍。

发挥手掌热度的作用

　　佐伯式肌肤护理法的第一个特征是重视手的力量。在护理肌肤时，首先要用手掌弄热化妆品，提高其肌肤融合度。往脸上涂时不仅要使用指尖，还要用整个手掌将美容成分和热度一起送入肌肤中。

　　这令人备感舒适的手掌热度具有帮助肌肤修复的功能。让我们最大限度发挥变美的最佳"工具"——手掌热度的作用吧。

这是至今为止触摸过数万人肌肤的佐伯老师的手掌。活用手掌热度，而不使用任何机器进行肌肤护理，解决了许多人的肌肤问题。佐伯老师所执着的手掌热度，按下了肌肤的"修复开关"。

　　佐伯式肌肤护理的第一个特征："手"是一切的根本。我们要发挥手掌热度的作用，不能偷工减料，这样方能以"手"变美。

　　佐伯老师之所以如此重视手，其原因可以追溯到她的幼年，"我爷爷从小教育我，我们用手工作，用手吃饭，所以我们必须感谢它。"

　　世上有许多美容法，而佐伯老师教给我们的是"用两手包住脸，让手掌直至指尖都与肌肤紧密贴合，慢慢传递热度。只是这样，脸部的血色才能变得更好"。佐伯式肌肤护理是与手掌热度共存的，这也符合最新科学数据所证明的事实。

　　资生堂和POLA等化妆品厂商的最新研究表明，肌肤细胞可以感知温度，如同可开关门的"通道"。此通道中，有一个在感应到特定温度时会打开、可以促进肌肤修复的存在。

使用佐伯式肌肤护理法，当两只手掌的热度传递给肌肤时，手掌直至指尖都要与脸完全紧贴。佐伯老师说："用两只手掌的热度慢慢包住脸上的肌肤，轻轻往上提。这是极为有效的美肤按摩法。"

实际上，通过调查肌肤对各种温度的反应，发现在正常体温 36℃ 左右时，肌肤的修复力开始增强，在 38℃ 时的修复力是最高的（参照以下图表）。

也就是说，只要慢慢传递人体肌肤的热度，肌肤便会自动开启"修复机关"，进行肌肤修复。

在气温极低的冬季，肌肤表面温度下降到 28℃ 左右。如此一来，修复通道无法发挥作用。此时，只要用手向肌肤传递热度，肌肤的屏障功能就能提升，保湿能力也会恢复。

被最新研究所证实

肌肤中存在帮助修复的温度传感器

最近，研究进度飞快进行，目前正在研究肌肤表皮细胞中的TRPV1、TRPV3、TRPV4等通道"开关"的功能。研究表明，它们在特定温度下可以激活肌肤表皮细胞的功能。以下图表是不同温度与通道相关的屏障修复。

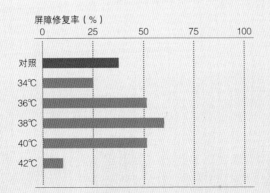

屏障修复率（%）

由于"人体肌肤"的温度上升屏障修复速度变快

在手臂的皮肤上贴上胶带，然后撕掉，皮肤一时间会很粗糙。贴上标有各个温度的带子，1个小时后我们观察肌肤的修复率，会发现与什么都没贴时相比，贴了与人体肌肤温度相近的温度带的肌肤修复率上升。而低温（34℃）、高温（42℃）都会延缓修复。

2 不依赖化妆品，活用自身的力量

看见漂亮的人，你会不会想"她用的是什么化妆品呢"。实际上，每个人的肌肤都不同，因此适合别人的化妆品不一定适合自己。相比之下，只要实践佐伯式巧用化妆品的窍门，运用自己拥有的化妆品和自身的力量，你可以从今天开始变美。

佐伯式是什么？

● 只要使用自己拥有的化妆品进行护理即可
● 100% 活用自己拥有的化妆品
● 只要选购所需物品即可

依赖化妆品是指？

● 总是试用新产品
● 收集系列产品
● 产品不用完

为了变美，我们要舍弃依赖产品的心理。了解自己的肌肤，进行适合肌肤的护理才是打造美丽肌肤的关键。实践佐伯式巧用化妆品的窍门，每日护理之后都能变美。

《不要过分依赖化妆品》

这是佐伯老师的处女作，于2003年发行，畅销40万册。书中公开了不被化妆品所操控，用自己的手变美的窍门。

说到佐伯式肌肤护理法，我们最先联想到的是"化妆水面膜"吧！窍门是用水将化妆棉浸湿，渗入化妆水进行。对于此时所使用的化妆水，佐伯式中未做特别规定。基本上，使用的是目前自己正在使用的化妆水。取代用手轻拍的方法，利用化妆水面膜促使肌肤吸收，肌肤将会水润、紧致得惊人，而且还能收缩毛孔（实验数据详见第 12 页）。

关于化妆水面膜，佐伯老师说道："化妆水是日本人所喜欢使用的化妆品。但是，如果仅仅是涂在脸上，只会在肌肤表面干掉。为了让肌肤彻底吸收水分，化妆水面膜得以诞生。"

化妆水面膜有助于美肤也是有科学依据的。水分不仅能滋润肌肤，还能调整紊乱的新陈代谢。如果肌肤干燥，则肌肤的新陈代谢容易延迟。因此，只要补充水分，

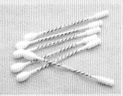

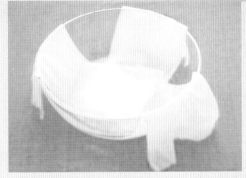

巧用化妆品
所需的物品

为了更为有效地巧用化妆品，佐伯式中被灵活运用的物品是化妆棉和棉签。尤其是化妆棉，它是做化妆水面膜和卸妆时所不可或缺的。

就能促进新陈代谢，从肌肤表面到肌肤下层的表皮，甚至到基础部分的真皮为止，都可以开始完全运作。

另外，在做完化妆水面膜后，用乳液或乳霜锁住水分，也可以再现肌肤本来的保护膜——皮脂的功效。只要在按摩涂抹的同时沿着肌肉走向提升脸部肌肤，让皮下肌肉也毫不松懈地运作起来。

我们必须彻底思考化妆品的使用方法。这就是佐伯老师所告诉我们的讯息，"改变肌肤，不管你几岁，都能变美"。佐伯老师从她的第一本书《不要过分依赖化妆品》开始，就一直在向我们展示变美的道路。

活用自身的力量，打造 水润 美白 紧致 肌肤！

水润 用油分锁住充足水分

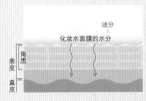

用油分锁住送入肌肤的水分
使用化妆水面膜往肌肤输送水分，如同肌肤本来的皮脂膜一般，用油分覆盖来锁住水分。水润肌肤还能保障新陈代谢顺畅。

 运用混合技巧还您水润肌肤&彻底隔绝紫外线

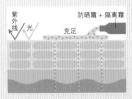

利用防紫外线＋隔离霜的滋润成分彻底隔绝紫外线
比起干燥的肌肤，充分水润的肌肤对紫外线的防御力要强。另外，通过将具有防紫外线效果的隔离霜与乳霜或乳液混合，可以打造一款完美水润且防紫外线效果超群的美白隔离霜。

 用手掌的热度输送化妆品的营养

用手掌的热度和压力使"营养"成分渗透
利用手掌的热度和压力激活肌肤，使来自肌肤内部的营养成分和化妆品的"营养"成分行遍肌肤。打造由内而外紧致有弹性的肌肤。

3 领先季节，避开肌肤问题

四季变迁，繁花与景致更替，美不胜收。然而对肌肤来说，变化是一种危机。气温与湿度的变化、强烈的紫外线等对肌肤来说都是无法及时应对的重大变化。为了防备这种变化，让我们来进行肌肤护理吧。

季节性肌肤问题是指？

● 由于冬季干燥，导致肌肤干枯、粗糙
● 初春时容易长痘痘……
● 夏季由于汗水导致毛孔显现

冬季的低温与干燥、初春的代谢紊乱、夏季因皮脂或汗水等引起的毛孔大开，容易由季节引起的肌肤问题总是与气候的变化息息相关。我们要经常注意水油平衡，做好护理，以免新陈代谢迟缓。

目标是温州蜜橘肌肤！

护理不足

草莓肌肤
由于保湿护理不足或营养不足等导致肌肤松弛，同时毛孔也因为松弛而变得极为显眼，这种状态下的肌肤即为草莓肌肤。只要仔细护理肌肤，给予肌肤均衡的水分和油分，并且保持营养均衡的饮食，就能激活肌肤。

正确的护理

温州蜜橘肌肤
在柔软、饱满且有光泽的肌肤表面，毛孔整齐排列。由于肌理平整，肌肤不再油腻。这是水油平衡的理想型肌肤。

护理过度

夏橙肌肤
毛孔护理及双重洁面等频繁接触毛孔而使毛孔大开，导致皮脂分泌增加，大量氧化的皮脂呈现发黑状态。此时应注意，请不要过多接触毛孔。

葡萄柚肌肤
由于表皮过分剥落等导致肌肤干燥，涂上乳液后，肌肤像涂了层蜡一般油光发亮。汗腺与皮脂腺都已受损，作为"天然乳液"的皮脂无法顺利融合。

每年冬季，肌肤会变得干燥，让人困扰。夏季则由于汗水和皮脂，让毛孔极其显眼……

你也有这种季节性的肌肤问题吧。

然而，在佐伯老师看来："每年的季节变化都是相同的。不要在肌肤出现问题后才开始慌乱，而要提前做好准备。"

这种领先季节的肌肤护理也是遵循肌肤的生理进行的，是有科学依据的。

健康肌肤的新陈代谢大约需要 28 天。从表皮最下层的基底膜诞生新细胞，到它变成肌肤表面的角质层为止，需要经过 28 天。

想知道你是否做好了应对季节变化的肌肤护理，其标志就是毛孔。理想型的肌肤是水油平衡，如温州蜜橘般，肌理细腻、匀称，毛孔整齐排列的肌肤。过分在意毛孔而导致肌理紊乱，肌肤油腻，这种是葡萄柚或夏橙肌肤。如果水分不足导致肌肤新陈代谢迟缓，则是草莓肌肤。

在肌肤内部，角质层的新陈代谢通常是 1 个月。

这里需要考虑季节的变化，下面我们就以一年中空气中水分含量急剧减少的 8 月到 10 月为例来分析。9 月份，空气中的水分含量比 8 月份减少 20%，而 10 月份大约是 8 月份的一半（参照下图）。9 月，还是"秋老虎"逼人的季节，此时比去除汗水和皮脂更为重要的是进行增加肌肤水分含量的护理，为 10 月开始的急剧干燥做准备。因此，保持新陈代谢稳定很重要。

同样，也可以从早春的紫外线量剧增这一点来分析，因为紫外线也是延缓肌肤新陈代谢的其中一个原因。

为了调整紊乱的新陈代谢，皮肤研究中确立了剥掉肌肤表面的陈旧角质层以促进新陈代谢的疗法。

在佐伯式肌肤护理中，通过化妆水面膜给予肌肤水分，并定期用磨砂剂进行角质层护理，以促进新陈代谢。这样，我们方能不被季节变化所摆布，维持肌肤的健康状态。

如果新陈代谢的周期按照28天计算，那么必须在前半段时间内进行护理！

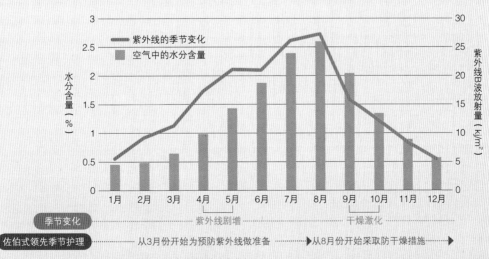

上图为一年中每月紫外线B波的变化与空气中水分含量（月平均蒸汽压/月平均气压）的变化。同时，从4月到5月是夏季前的大变化时期，9月到10月是冬季前的大变化时期。

从此变化期的前一个月开始，就要采取防紫外线措施，做好保湿护理，以免被季节变化所摆布。通过角质层护理保持新陈代谢稳定也有助于度过季节变化的难关。

通过"美肤饮食"从内部变美

化妆品的营养只能到达肌肤表面附近，而来自食物的营养则可通过血管传递给支撑肌肤弹性的真皮。也就是说，肌肤是由你食用的东西所打造的。为了变美，饮食非常重要。

佐伯式美肤饮食是指?

● 首先饮食要营养均衡
● 吸收时鲜食材的能量
● 利用食材中维生素、色素的力量帮助美肤

只靠"有益肌肤的成分"是无法养护身体与肌肤的。需以米饭等主食、富含可以作为肌肤骨胶原料的蛋白质的主菜为中心，注意饮食的营养均衡。在此基础之上，以色彩丰富的蔬菜、水果以及各种时鲜食材来美肤，这就是佐伯式美肤饮食。

来自化妆品的"营养"只能到达肌肤表面附近。

在肌肤表面的角质层，甚至是表皮之下，存在着支撑肌肤结构、保持肌肤弹性的本源——真皮。真皮上也有毛细血管经过，通过饮食吸收的营养可以融入血液抵达真皮。

因此，为了积极吸收有益肌肤的营养，非通过"美肤饮食"不可。佐伯老师说："肌肤是由你食用的东西打造的。如果仅注重涂抹昂贵的化妆品，而疏漏饮食方面，那只会与美肤渐行渐远。"

美肤饮食具有科学依据!

色彩的力量是惊人的

红色	番茄 番茄红素	→	肌肤细胞 再生
黄色	南瓜 β 胡萝卜素	→	屏障强化
绿色	荷兰芹 叶绿素	→	肌肤细胞 再生
紫色	茄子 花色苷	→	血液循环 加速

蔬菜中富含的色素可以称为植物化学成分，是有益于肌肤细胞的物质宝库。番茄的红色番茄红素作用于真皮，抗皱效果卓著。南瓜的β胡萝卜素有助于加固表皮和角质层。绿色的叶绿素有助于激活细胞。紫色的花色苷等多酚可以改善血液循环。

　　美肤饮食的关键是每天要积极食用时鲜的食材，富含有助肌肤活动的维生素及色素成分的蔬菜和水果等。

　　实际上，时鲜蔬菜的营养价值极高，其色素成分对肌肤的影响也都渐渐为世人所知。

　　也就是说，营养均衡、色彩丰富、秀色可餐的饮食就是美肤饮食。

　　而且，我们还要多吃肉、鱼、大豆等富含蛋白质的食物。表皮和真皮的骨胶原都是蛋白质。为了打造代谢顺畅的清新肌肤，需要通过饮食中的蛋白质补充原料。

　　另外，佐伯老师认为，保护肌肤还需多喝水。

　　虽然佐伯式肌肤护理可通过化妆水面膜将充足的水分从肌肤表面送至肌肤内部，但是肌肤的水分还与汗水等身体内部的水分有关。为了不让肌肤干燥，保证全身充满水分很重要。因此，佐伯老师表示，"一天喝 1.5~2L 的水，保证有充足的水分到达肌肤"是打造水润肌肤所必需的。

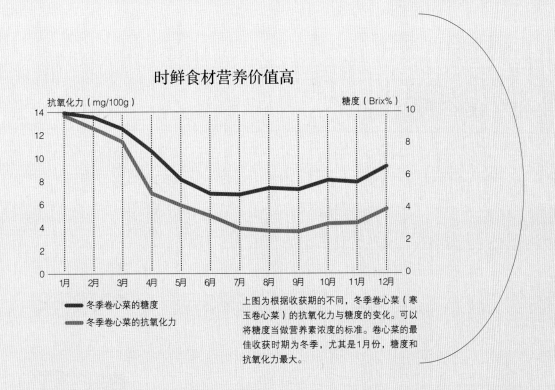

时鲜食材营养价值高

图例：
- 冬季卷心菜的糖度
- 冬季卷心菜的抗氧化力

上图为根据收获期的不同，冬季卷心菜（寒玉卷心菜）的抗氧化力与糖度的变化。可以将糖度当做营养素浓度的标准。卷心菜的最佳收获时期为冬季，尤其是1月份，糖度和抗氧化力最大。

有效的肌肤护理是有科学依据的

佐伯式化妆水面膜仅需一周便能使肌肤细腻、光滑，还能减少细纹！

为了寻找佐伯式肌肤护理理论的科学依据，我们得到医疗机构的帮助，使用精密皮肤测量器进行了为期 1 周的验证效果实验。结果，6 位被测人员脸上的皱纹条数总计减少了 39%，而且肌理紊乱和显著毛孔数量也减少了 5%。重新确认效果后，所有被测人员都表示非常满意。

佐伯式肌肤护理法大受欢迎的秘密在于其快速见效性。

做化妆水面膜，仅需 3 分钟，肌肤便会变得细腻、光滑且白皙。

为了从客观上实际验证其效果，我们进行了为期 1 周的调查肌肤状态变化的实验。实验前后均使用 "VISIA" 这种精密皮肤测量器进行了拍照和解析。

结果，效果惊人！

最为显著的变化是皱纹的数目，6 个人两颊的皱纹条数总计减少了 39%。而且，肌理紊乱及显著毛孔数量总计减少了 5%。被测人员表示 "护理之后，有一种肌肤要吸在手上的感觉" "肌肤变得细腻、紧致"。另外，根据照片显示，有些人的肌肤色泽变得一致、明亮。有人表示 "好像美白剂效果提升了一样"。

佐伯认为 "通过化妆水面膜使肌肤水润，可以提高美容液的渗透率，促进肌肤代谢，减少肌肤暗沉。" 这个理论的正确性已经在短短 1 周的时间里通过精密的皮肤测量被实际验证。

实验方法

有6位志愿者（男性1人，女性5人，平均年龄37.7岁）参加。他们改用佐伯式进行早晚的肌肤护理，持续1周。使用AOHAL CLINIC的最新精密皮肤测量器 "VISIA" 测量实验前后的肌肤状态，用个数和得分将色素沉淀（褐斑）、潜在褐斑、毛孔、皱纹、卟啉（粉刺菌的代谢物）等数值化，以验证效果。用皮肤蒸发计测量水分蒸发量，以验证肌肤的屏障功能。

仅1周便有如此效果！

实验参加者使用平时使用的化妆水，每天早晚各做化妆水面膜1次，连续进行1周。改用霜状卸妆剂卸妆，观察肌肤的状态进行磨砂洁面。使用平时使用的美容液和乳液。防晒霜也要仔细涂上。

MI女士
46岁

皱纹骤减！朋友们还说我变白了！

褐斑（色素沉淀）	73 →	81（个）
皱纹	34 →	8（条）
显著的毛孔	369 →	434（个）
肌理紊乱	396 →	545（个）

皱纹线条 /1周后

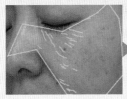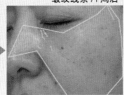

由于我是编辑，所以试用过各种各样的化妆品，之前一直在担心，觉得可能不会出现什么太大的变化，却没想到结果这么惊人！其实我晚上喝醉了，没有进行护理。但是皱纹竟然减少了这么多！仿佛美白剂效果增强了似的，肌肤看上去饱满、光滑、白皙，连朋友都问我是不是做了什么。

IR女士
37岁

没想到只要早晚两次就能发生如此变化！

褐斑（色素沉淀）	81 →	87（个）
皱纹	15 →	9（条）
显著的毛孔	215 →	175（个）
肌理紊乱	262 →	126（个）

显著的毛孔 /1周后

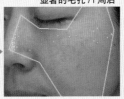

我采访佐伯老师已经5年了，一直是每天做一次化妆水面膜，但没想到早晚两次就有这么大的变化，连鼻子上的皮脂斑点也不长了。虽然褐斑稍微增多了，但是这里没有显示数据的"潜在褐斑"却从376个减少到了349个。我觉得这是因为肌肤代谢加速，褐斑在表面上浮现的关系。

ME女士
28岁

做完面膜后水润感一直在持续！

褐斑（色素沉淀）	74 →	73（个）
皱纹	2 →	2（条）
显著的毛孔	210 →	164（个）
肌理紊乱	181 →	140（个）

显著的毛孔 /1周后

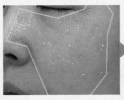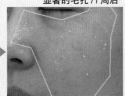

虽然我以前也做过化妆水面膜，但是经常忘记，于是很失败。这次由于实验，坚持着早晚各做了一次。我的肤质是干燥敏感型的，而且皮肤很薄，但是做过面膜之后感觉肌肤变得厚实、紧致、有弹性。而最重要的是，做完面膜后水润感可以持续很久，让我觉得"名副其实"！

HE女士
35岁

我第一次体验到"养育肌肤"的喜悦

褐斑（色素沉淀）	118 →	128（个）
皱纹	5 →	6（条）
显著的毛孔	352 →	314（个）
肌理紊乱	295 →	234（个）

虽然回家已经是深夜了，但我还是难得地仔细卸妆，认真做了化妆水面膜。触摸肌肤的机会增加，让我实际感受到了"养育肌肤"的喜悦。眼睛周围也很水润。

FS先生
43岁

只要肌肤水分充足就不容易晒黑

褐斑（色素沉淀）	135 →	112（个）
皱纹	18 →	19（条）
显著的毛孔	566 →	530（个）
肌理紊乱	566 →	545（个）

周末，我在家里剪草坪，担心日晒后皮肤会很糟，但没想到色素减少了。这也证明了"只要肌肤水分充足，就不容易晒黑"这一佐伯理论的正确性。

NY女士
37岁

肌肤仿佛吸在手掌上，我为这种触感着迷

褐斑（色素沉淀）	57 →	58（个）
皱纹	3 →	3（条）
显著的毛孔	134 →	120（个）
肌理紊乱	120 →	140（个）

实验前，我的部分肌肤处于干燥脱皮状态。开始用化妆水面膜的第2天，肌肤变得水润，第4天脱皮也治好了。我开始期待护理后的肌肤触感。

实验的结果是左右侧脸测量出的数值总和。测量对象是两颊和鼻子。年龄是实验之时的年龄。

只要每天坚持进行正确的护理，肌肤就会不断变美

双方的认真产生共鸣的相遇

佐伯 七惠，我们 3 年没见了吧。

生方 是的。自从 3 年前在杂志《Grazia》的连载上请佐伯老师检查肌肤、教授佐伯式肌肤护理法以来就没再见过了。

佐伯 我听别人说，七惠后来一直坚持使用佐伯式护理法，我真开心。

生方 那个时候，我被佐伯老师的认真所打动。实际上，我当时并不觉得自己的肌肤有什么问题，因此突然要改变护理方法，多少还是有些抵触的。

但是，老师很认真地观察我的肌肤，给我建议，所以我那天晚上我就尝试了您教导的方法。

佐伯 那天七惠的认真也给我留下了深刻的印象。当天马上进行实践，这种直率的性格能为你带来美丽。直率的人会变美的。

生方 谢谢。过去，我一直是用卸妆油直接卸妆的。

有一次拍摄，我整张脸都被涂得漆黑。因此，用卸妆油洗了 2 次，又用起泡洁面乳洗了 3 次。现在想想，虽然表面看起来干净了，但是表皮下层触感发硬。

佐伯 去除妆彩或污垢时，人们往往先将它们的范围扩大，这点我总觉得对肌肤不好。所以，佐伯式的做法是，先在化妆棉上渗入专用的眼妆和唇妆去除剂，再将妆彩和污垢转移到作为承接容器的化妆棉上。

生方小姐
"一开始打算用3天，却已经持续了3年！"

重复3年前的相遇，3年后再次检查肌肤。坚持使用佐伯式肌肤护理法的生方小姐的肌肤触感柔软，仿佛要吸住手掌。

佐伯老师
"直率地进行实践的人 将会变美哦！"

Nanae Ubukata × Chizu Saeki

生方小姐

"比起初识佐伯式护理法的3年前，我自信现在的我更美！"

生方七惠小姐

除了是人气女性时装杂志的封面女郎之外，还是国内外时装展的常客。最近还经常出现在电视上。肌肤护理采用佐伯式，每天散步锻炼身体，保持身体健康。最近沉迷于泰国式拳击。人气模特儿，美丽与强势并存也是她的魅力所在。

佐伯老师

"可以马上实践新事物。这种直率是变美的捷径！"

生方小姐

"由于亲身体验了效果，所以持续了下来。现在的我比3年前更美！"

佐伯老师

"保持着只要我这样做就没问题的心情进行护理，肌肤就不会松弛！"

"通过饱含感情的护理、运动改变肌肤与身体。七惠是美丽的榜样！"

生方 使用折成三角形的化妆棉对吧。

我实践了您教的方法，卸妆后肌肤完全无残留，卸得非常干净。而且改用卸妆乳卸妆后，肌肤变得柔软。

佐伯 我看了《Grazia》封面照上的七惠，知道你的肌肤已经变美了，但实际触摸了才知道，七惠与3年前已完全不同，状态非常好。

生方 果然是这样哦，我就是因为亲身体验了效果后才决定继续的。自从那天晚上体验了其好处之后，我决定先持续3天，然后，1周，1个月……到今天已经持续了3年。对于新事物，我都是抱有着"先试3天"的想法开始的。

如果想着"以后一直坚持"可能难度比较大，但是3天的话，还是比较容易开始的。

由于坚持使用化妆水面膜，所以对肌肤状况很有自信

佐伯 你为我们树立了榜样，坚持下去，然后变得越来越美，我真的很高兴。但是，你一开始对自己肌肤的变化也有疑问的吧，我记得你曾经直接问过我。

生方 在改用佐伯式护理法的大概第3天，一颗小小的、红色的、像痘痘一样的东西出现在我脸上。

因为以前没发生过这样的事，所以有些吃惊，就问老师"有没有问题"。

佐伯 你的脸非常细腻，所以肌肤的反应也很快，这是过去的护理所残留的负担正在修复的标志。一开始检查你的肌肤时，我就预料到你可能会长痘

痘，而且长得地方也跟我预料的一样，所以我就回答你"继续下去，没问题的"。

生方 那时，老师直接告诉我说没问题，所以我就放心地继续下去了。然后，首先是工作的时候，发型师问我是否换化妆品了，然后很多人都问我"你用什么化妆品呢"。作为一名女性，被这么问真的很开心。但是，我只是如实回答说："我没有用什么特别的东西，就是使用佐伯式进行细致的卸妆，且每天用化妆水面膜敷脸。"

佐伯 女性美丽的秘密是她使用的化妆品，但其实比起使用什么化妆品，如何使用才是真正重要的。

生方 我不仅晚上敷化妆水面膜，早上也敷。我的性格一向是睡眠第一。

尽管早上很想多睡会儿，但是为了敷化妆水面膜，我每天提前 10 分钟起床。工作中，我经常是飞来飞去，一下飞机就直接赶往拍摄现场，那个时候我也会敷化妆水面膜。真的是肌肤舒爽，心情也会舒爽，然后我就可以自信满满地面对拍摄。

佐伯 只要坚持进行正确的护理，肌肤不会因为某些小事而崩溃。只要我这样做就会没问题，会这样想的人在进行护理时肯定有着好心情。肌肤一定会回应你的心情。

生方 我非常理解您说的话。我因为打篮球的关系，腿上的肌肉很明显，开始从事模特儿的工作时，我被其他模特儿腿细的程度吓到了。从那以后我每天尽可能多走路，边走边想着"变细变细、提臀提臀"，后来我就感觉到自己的体形发生了变化。

佐伯 七惠是美丽达人，不仅护理，运动也是，

"因为亲身体验到了效果，所以坚持了下来。早晚必敷一次化妆品面膜。"

17

Nanae
Ubukata
×
Chizu
Saeki

亲身体验了饱含感情进行的效果。

　　生方　比起初识佐伯式的 3 年前，坚持护理了 3 年后的我更美，真的很高兴我能自信满满地说出这句话。从今天开始的 3 年后我也很期待。希望还能尽快与您再相见。

　　佐伯　你会变得更美的。很高兴你还想尽快跟我见面。但是，那个时候一定是你再次变化之时。而且，无论什么时候开始都不算晚。不管从几岁开始，只要持续使用佐伯式就一定会变美。

　　生方　我就是实际例子呢。

　　佐伯　谢谢你今天过来。我很高兴见到越来越美的七惠。

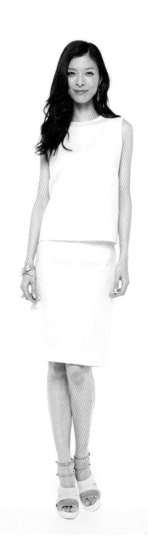

178cm的身高以及靠散步
塑造出的完美身材。

生方小姐

"我使用佐伯式进行肌肤护理，身体的保湿液、化妆水和乳液也使用佐伯式。"

佐伯老师

"无论何时开始都不算晚。不管从几岁开始都能变美！"

"'肌肤会回应人的心情'
这句话，我非常理解！"

"无论何时开始正确
的护理都不晚！"

生方七惠小姐信息

生方小姐是国内外时装秀等的常
客。休息时间喜欢泡澡和读书，
假日还喜欢爬山。"我从事的是
表现出色的女性形象的模特儿工
作。最近，为了追求表现自身，
我正在使用佐伯式肌肤护理法，
想让自己的外表看起来更美，同
时，我还注重通过绘画、鉴赏等
修养内在。""教你如何成为魅
力四射的人"正在网络杂志《生
方七惠的读书时间 品茶读书》
连载。http://openers.jp/culture/
Ubukata_Nanae/index.html

受用一生的佐伯式肌肤护理

一起来学习佐伯式肌肤护理的所有窍门吧！

佐伯式晨间护理

morning Care

水润提升、松弛全消，打造闪亮美白肌肤

佐伯式晨间护理是为了让肌肤全天都充满活力而做的准备。

目标是打造不输给干燥与日晒，即使烈日暴晒、即使一直待在空调房中、即使路走多了要流汗，也完全不会出现损伤的强韧肌肤。

因此，首先我们要使用堪称佐伯式肌肤护理的代名词的化妆水面膜，使肌肤水润、柔韧。

晨间护理的意义是什么?

- 提升肌肤水润程度，也可以预防日晒与肌肤问题
- 涂化妆品时，增加提升脸部肌肤的时间
- 用水润防晒霜打底后完成

早上通过化妆水面膜将水分送入肌肤，进行保湿后，肌肤可以全天抵挡干燥与紫外线。涂乳霜或隔离霜时，可以使用按摩涂抹法提升脸部，防止肌肤松弛。

晨间护理流程

一般的护理步骤

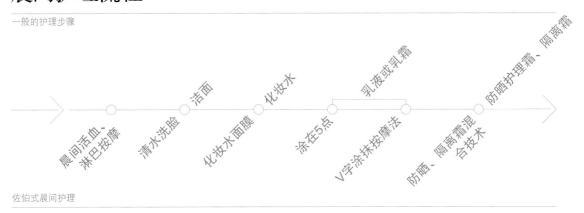

佐伯式晨间护理

以上为一般的护理步骤和佐伯式晨间护理步骤的对照表。如果护理前发现脸色难看或者脸部水肿，可以先从活血开始。一般的护理则是从洁面开始的。

　　与用手将化妆水涂在脸上时的操作完全不同。肌肤一旦水润，肌理就能恢复平整，肌肤饱满、柔软、有弹性，这种效果在敷化妆水面膜的 3 分钟内就能体验到。

　　水分是美白肌肤的根本。佐伯老师说："新鲜的乌贼白里透红，但乌贼干却暗淡发黄。同理，只要有充足的水分，肌肤就能变得白皙。"

　　用乳霜将这些水分锁住，再涂上充足的防晒隔离霜和乳液，就能保持肌肤全天水润。

　　佐伯式肌肤护理的另一特色是作为紧致护理的化妆品涂法。佐伯老师说："边做肌肤护理边用'幸福的 V 字涂法'从下往上涂化妆品，肌肤会及时回应你的。"涂化妆品的顺序从上往下与从下往上的结果会大不相同。所以，请务必往上涂。

**佐伯式
晨间护理**

完全实现水润、美白、细腻和紧致

化妆水面膜

5片化妆棉法 ① ［准备］

只要抓住诀窍，准备过程很简单

想要变美却什么都不做，想要什么都不做就变美。非常遗憾，这恐怕有些困难。但是，即使不依赖昂贵的化妆品，只要做好护理就能变美。这却是真的。

现在，用自己拥有的化妆品实践佐伯式化妆水面膜的人渐渐增加，我再次觉得亲身体验"美丽"的人真多。

研究出化妆水面膜是过去我在法国的化妆品公司上班时的事。这是为了害怕将喷雾式的化妆水用在脸上的客人，并为了最大限度提升化妆品效果而研究的方法。

当时，给客人做护理是将长条状的化妆棉切成小片后渗入化妆水，再贴在脸上，使其渗透。虽然这是每天都要进行的步骤，但我还是试着用水浸湿化妆棉，并调整其中需要渗入的化妆水用量……经过无数次的试验失败，佐伯式化妆水面膜终于得以诞生。因此，就算大家不能马上巧妙地撕开化妆棉也没关系，只要坚持下去就会越来越顺手的。

有很多人觉得做化妆水面膜很麻烦，因此只是偶尔为之。而效果就远远比不上每天坚持做的人。所以，请务必将化妆水面膜当成每日课程。

**用自来水浸湿
化妆棉**

如果只用化妆水浸湿化妆棉会比较困难而且很浪费。因此，我们可以利用水的力量使肌肤平静下来，再借用化妆水的力量使肌肤变得水润。

**将化妆棉撕成
5片的诀窍**

我们会觉得做化妆水面膜很难是因为担心撕开化妆棉时会失败。其实就算撕得不好，贴在脸上也不会有太大影响。而且熟能生巧。

**创造放置5片
化妆棉的地方**

将撕成5片的化妆棉一片一片贴在脸上时，怎么处理尚未贴的化妆棉是比较麻烦的一件事。我们可以在洗漱间里放一个碗，暂时将化妆棉放在碗里，并按照贴的顺序排列。

要点

晨间护理流程

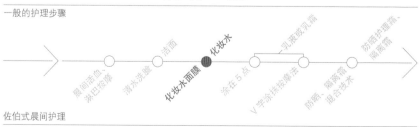

晨间护理的步骤是用清水洗脸后涂上化妆水。不是简单的涂上化妆水，而是要通过化妆水面膜将水分送入肌肤。

佐伯式
晨间护理

完全实现水润、美白、细腻与紧致

化妆水面膜

5片化妆棉法 ❷ ［实践］

在我们那个时代，使用的是脱脂棉而不是化妆棉。因此，大多女性自然知道化妆棉中的纤维是有朝向的，它不能朝着与纤维朝向相同的纵向伸展，却能横向伸展。

时代在变化，化妆棉成了女性美肤的好伙伴！虽然我们可以使用市售的面膜纸，但是每天使用好像也太贵了。

而且，市面上的面膜通常都会把最需要滋润的外眼角给挖掉。

相反，佐伯式可以通过在皮肤薄且最易干燥的外眼角重复贴3片化妆棉，对其进行重点护理。

不管是多么忙碌的人，如果在早上整理装束或泡咖啡时进行"同步护理"，那么做化妆水面膜的3分钟应该是可以挤出来的。寻找时机，早晚坚持做化妆水面膜，效果一定会增强。

沿着撕开的化妆棉的纤维方向开孔	**眼睛下方3片叠加，进行重点护理**	**每天早晚坚持护理**	**要点**
沿着化妆棉的纤维朝向，在眼睛的部位开孔。垂直纤维方向横向展开，平敷在脸上。	在皮肤薄、易干燥或易长细纹的眼睛下方重叠贴3片化妆棉。滋润后，进行进一步的保湿护理，这样可以预防细纹。	即使"只有3分钟"，对忙碌的早上来说都是非常珍贵的。我们可以边用化妆水面膜敷脸边打扮，挪出护理时间。如果晚上也做一次化妆水面膜会更加有效。	

晨间护理流程

准备好做化妆水面膜用的化妆棉后，将化妆水面膜贴在脸上。

洁面后

首先要洁面。基本上早上只要用清水洗脸就足够了（用温水轻洗）。

1

会滴水的程度

如果觉得只用化妆水浸湿化妆棉比较困难，可以先将化妆棉用水浸湿，然后再渗入适量的化妆水。

2

倒在几处

将化妆水倒在手掌上时，标准的量是1元的硬币的大小。分别倒在几处。

3

全部融合

为了让化妆水渗遍整个掺水的化妆棉，可以轻拍化妆棉使之融合。

4

只要预先将边缘分开就容易撕开

制作化妆水面膜的第1个诀窍是巧妙将化妆棉撕开。预先将化妆棉边缘分开，然后慢慢撕开即可。

5

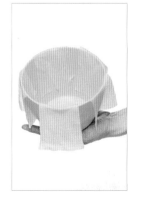

在洗漱间准备一个专用碗

准备好第1片到第5片化妆棉的放置容器。这样，就可以从容地将每片化妆棉贴到脸上。

6

将每片化妆棉慢慢展开使用

将化妆棉一片一片展开，在第1片的鼻子、嘴巴的部分，第2片的双眼部分开孔进行使用。其余也要展开后使用。

7

第1片：从眼下开始

将第1片化妆棉沿着纤维走向横向展开，用手指戳开鼻子和嘴巴用的孔。从眼睛下方开始贴在下半张脸上。

8

第2片：眼睛和额头

横向展开，用指尖戳开两眼用的孔。覆盖在眼睛下面和额头上。

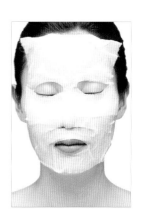

9

第3片：左颊

展开，从眼睛下方斜向贴到脖子上。展开化妆棉，覆盖到外眼角的细纹区为止。

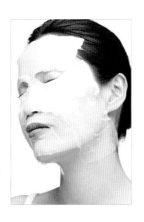

10

第4片：右颊

与左脸颊相同，从眼睛下方斜向贴到脖子上。展开化妆棉，覆盖到外眼角的细纹区为止。

11

第5片："脖子也属于脸部"

容易长出年龄纹的脖子也要给予滋润。化妆棉如果浮起，要用手指沾水使其紧贴肌肤。

敷3分钟

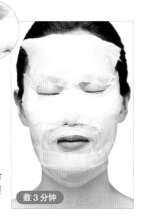

12

用两只手包住脸，使水分彻底渗透

3分钟后，从上往下折叠着将化妆棉轻轻取下。用两只手掌包住脸，使脸上残留的水分彻底被肌肤吸收。

佐伯式
晨间护理

为了在脸上涂遍所必须的步骤

涂在 5 点

为有助于提升脸部的
"V字形涂抹按摩"做准备

女性为了变美，可以不遗余力收集信息。但遗憾的是，当我问那些已经看过我的书的人是否实践过时，得到的回答经常是"没有"或"偶尔"。

只是了解和每天实践的结果是天差地别的。如果想要变美，请务必实践我告诉你们的方法。不需要买昂贵的化妆品，也不需要买美容器，只需要用你自己的双手便能变美。

例如，像乳液、乳霜、防晒霜或隔离霜这些每天都要擦在脸上的化妆品，涂法不同其效果也会完全不同。佐伯式的基本是：使用提升脸部的涂法，将充足的量依次涂到脸上。

为此，必须涂在5点以作准备。用手掌搓揉热，用一只手重复取乳霜。是否执行这个步骤，变美的差别将是惊人的。

涂的量要足

如果觉得乳液或乳霜"黏黏的"，而只取少量放在手上，那将无法涂满整张脸。要取稍微多一点才行。

**涂之前
要用手掌搓揉热**

在将乳霜等涂在脸上的5个点之前，要先用手掌搓揉热。油分通常会因为热度而变得润滑，而且还能提升肌肤融合度。

**每涂完1个点
就要重新取乳霜**

如果用指尖取全部的量一次性涂在5个点上，那量的差异会很大。因此，必须每涂1点，就要重新取乳霜。

要点

晨间护理流程

将通过化妆水面膜输送到肌肤的水分用乳霜或乳液锁住。在此之前要做的准备是将乳霜或乳液涂在5个点上。

1

将乳霜或乳液倒在手上，通常取"珍珠大小"，非常需要补充水分时则取"樱桃大小"。

2

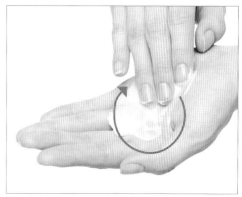

用手指向右画圆，使其变热。这样可以提高乳霜的肌肤融合度。

3

用右手将乳霜轻轻涂到右颊上。然后用右手将乳霜放回左手。

4

为了分配均匀，务必要用整只手将之放回左手。

5

用右手轻轻将乳霜涂到左颊上。

6

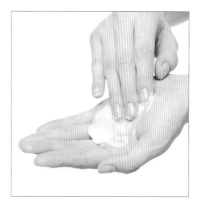

放回左手上。

7

将乳霜涂在额头。

8

放回左手上。

9

将乳霜涂在鼻头上。

10

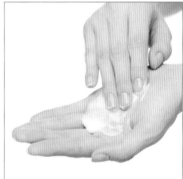

放回左手上。

涂完5点

将乳霜涂在下巴上。

均匀涂满整张脸的同时还要做脸部提升

V 字形涂抹按摩法

使用从下往上、从内往外的 V字形涂法以防松弛

每天护理时，我们必然会多次触碰脸，在做完化妆水面膜后，擦乳霜、防晒霜隔离霜以及晚上卸妆后都需要触碰脸。此时，边想着"脸部提升"边进行的护理，日积月累，效果一定非常明显。

因此，涂抹化妆品时，请大家务必使用"V字形涂抹按摩法"。

这种涂抹方法是沿着支撑脸部的肌肉走向进行涂抹的。例如，在嘴巴旁边有颧大肌、颧小肌等从唇边穿过脸颊的肌肉群，沿着这个方向用手提升脸部皮肤，可以防止肌肤松弛。

边对肌肤说"你要提升哦"边进行每天的护理，以保持紧致肌肤。

要使乳霜与手掌融合	主要目的是将乳霜扩散开	最后用两只手掌包住脸，以促进吸收	要点
涂完5点之后，还要使手掌中残留的乳霜与两只手掌完全融合。进行V字形涂抹按摩法时，手掌和指尖都要在肌肤上滑动。	虽说与提升脸部相关，但是不需要给予强烈的刺激。由于主要目的是将涂在5点的乳霜均匀涂抹并扩散至整张脸，所以只要轻轻展开即可。	佐伯式中，每个步骤都要用两只手掌包住脸，使水分或化妆品成分被肌肤吸收。进行V字形涂抹按摩法后，也要使其彻底被吸收。	

晨间护理流程

涂完5点，做好均匀涂抹乳霜的准备之后，使用"V字形涂抹按摩法"进行每天的护理，提升脸部肌肤。

**涂完5点
之后**

1

先用两只手掌互搓，使乳霜
与手掌融合

涂完5点之后，用两手将剩余的乳霜搓匀，使
卸妆剂与整个手掌融合。

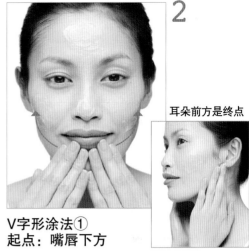

2

耳朵前方是终点

V字形涂法①
起点：嘴唇下方

将两手的指腹放在嘴唇下方的中心。用两手的整个指腹
面边轻轻画V字形（直到耳垂前方）边扩散卸妆剂。

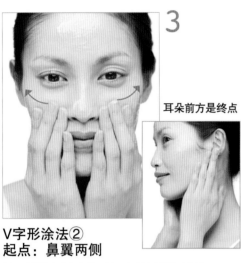

3

耳朵前方是终点

V字形涂法②
起点：鼻翼两侧

将两手的指腹放在鼻翼两侧。边用两手朝着耳朵前
方轻轻画V字形边扩散卸妆剂。

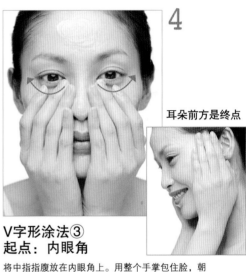

4

耳朵前方是终点

V字形涂法③
起点：内眼角

将中指指腹放在内眼角上。用整个手掌包住脸，朝
着太阳穴轻轻扩散卸妆剂。

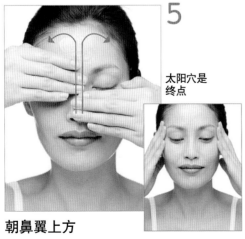

5

太阳穴是
终点

朝鼻翼上方

按照右手、左手的顺序，用整个指腹从下往上捋鼻梁，再从
额头中央开始往两侧朝着太阳穴方向滑动手指。

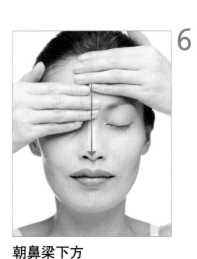

6

朝鼻梁下方

按照右手、左手的顺序，用整个指腹从额头中央开
始往下抚摸鼻梁。

32

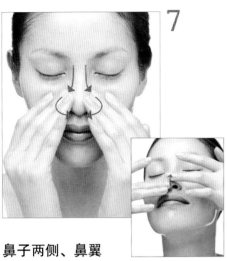

鼻子两侧、鼻翼

从上往下用指腹抚摸鼻子根部、鼻翼两侧，沿着轮廓呈圆形抚摸鼻翼，然后从下往上抚至鼻尖。

从嘴唇上方至颧骨

将两手指腹放在鼻子和嘴唇之间，用无名指往上捋至颧骨。沿着提上唇肌的方向进行。

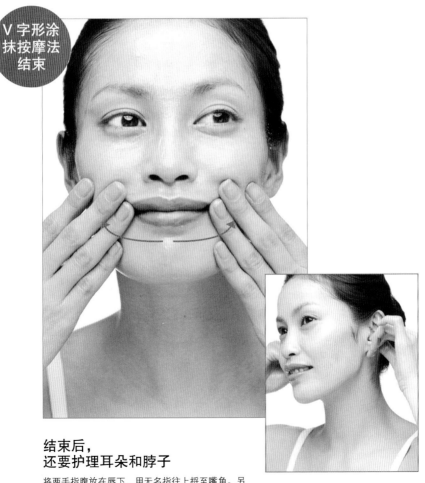

V字形涂抹按摩法结束

结束后，
还要护理耳朵和脖子

将两手指腹放在唇下，用无名指往上捋至嘴角。另外，不要忘了在耳朵和脖子上涂抹扩散，这一步完成之后结束！

美白的基本是在隔离霜中混入足量防晒霜，打造坚不可摧的隔离霜

防晒与隔离霜的混合技术

水分是第2个防紫外线过滤器

你有每天做好防紫外线措施吗？阴天和雨天的紫外线也很强烈。我经常随身带着遇紫外线会变色的"紫外线探测器"，即使雨天撑着伞，探测器还是会有反应。

保持白皙肌肤的人中，肯定是一直认真地使用防晒霜的。但是，如此一来，黑色素相应减少，肌肤更易受紫外线影响。因此请不要大意，每天坚持使用防晒霜。

此时需要注意的是防晒霜的涂量。虽然最近防紫外线效果强烈的防晒霜很多，但是不管防紫外线的 SPF 或 PA 值多高，只涂少量是没办法充分发挥防紫外线效果的。

为了达到涂满整张脸，并保持肌肤水润的效果，我推荐使用"混合技术"。将具有防紫外线效果的某种有色隔离霜和乳液混合，以此来滋润整张脸部。再在上面拍上粉，底妆就完成了。

乳液

防晒隔离霜

白天补妆时也要用
将防晒隔离霜和乳液混合放入细分容器中随身携带。白天补妆的重点在颧骨上，用指尖轻轻按摩直至完全吸收。

擦防晒霜全年都要足量
关键是使用足量的防晒霜。比起使用少量高SPF值的产品，使用足量的SPF20左右的产品更能达到滋润效果。

将防晒隔离霜与乳液混合
将具有防紫外线功能的隔离霜或有色防晒霜与乳液或乳霜混合，并涂上足够的量，使之完全吸收，其防御力将万无一失。

使用V字形涂抹按摩法扩散脖子和耳朵部分
使用V字形涂抹按摩法涂完整张脸后，记得耳朵和脖子也要涂。千万不要让脸部颜色和脖子颜色不同。

要点

晨间护理流程

一般的护理步骤

晨间活血·淋巴按摩　清水洗脸　洁面　优妆水面膜　化妆水　涂在5点　V字涂抹按摩法　乳液或乳霜　防晒·隔离霜·混合技术　防晒护理霜·隔离霜

佐伯式晨间护理

使用V字形涂抹按摩法涂乳霜等，可以打造水润、细腻的肌肤，只要最后涂隔离霜的时候也进行保湿滋润，就能彻底隔绝紫外线。

1

将防晒隔离霜与乳液混合

取等量以"SPF20"为标准选择的有色防晒隔离霜和润肤乳液，在手掌上混合。

2

5个点上要涂充分

在两颊、额头、鼻子、下巴下方的5处用量均匀地涂上这两种化妆品的混合剂。确认各处用量是否充足，如不充足需补足。

3

用V字形涂抹按摩法在脸颊上扩散

使残留在手掌上的乳液与两只手掌完全融合，以"从内往外"为基本，用V字形涂抹按摩法在脸颊上涂抹扩散。

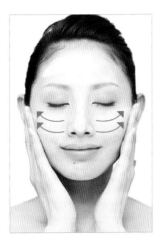

4

往额头上扩散

使用V字形涂抹按摩法往额头上扩散。仔细涂抹直至完全吸收。

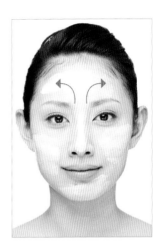

5

往鼻子、唇边扩散

用V字形涂抹按摩法往鼻梁、鼻翼周围、唇边扩散。

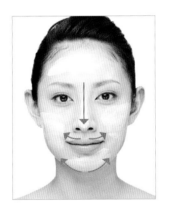

6

用手掌使肌肤平静下来

用手掌使扩散开的混合乳霜包住整张脸，使其完全被吸收。

7

还要拉伸额头的肌肉

拉伸额头的肌肉，仔细涂抹直至完全吸收为止。脖子和耳朵部分切勿忘记。

8

上粉、面颊细节化妆后完成

通过佐伯式护理法滋润的肌肤，如果可以发挥自然白皙的肌肤之美，就可以不用上粉底了。打上修饰粉，面颊、细节部分化完妆后，就可以准备出门了。

佐伯式
晨间活血

早上起床后发现脸色灰暗，赶紧使用清晨醒肤活血法

加速血液循环 1分钟按摩

脸色恢复，护理效果也提升

如果哪天早上"突然"发现脸色很难看，那是透过肌肤看见的由血液循环不良导致的血流停滞而发黑的颜色，或者是由血液循环不良导致的肌肤暗淡、干燥折射到了脸上。

当然，虽说是"突然"，但是肌肤的暗示肯定是有原因的。如果是由于睡眠不足、饮酒过度、抽烟、盐分摄取过多等原因引起的，可以从改变生活习惯着手。在此基础上，进行促进整个脸部血液循环的护理，就能恢复红润、有弹性的肌肤。

关键是耳朵和头皮。只要放松耳部，全身的血液循环就能恢复。我在出行时，经常放松耳部。

头皮也是与脸部息息相关的"皮肤"。如果头皮血液凝固，那么血液循环就会停滞，将会成为覆盖于脸部皮肤的重担，还会导致皮肤松弛。所以，我们必须缓解整个头皮的血液凝固。

而按摩眼睛下方的要求是"轻柔"。由于眼睛周围的皮肤很薄，如果用力按压或搓揉，会因摩擦的关系导致皱纹出现。因此，慢慢地轻柔地按摩才是关键。

除早上起床时之外，其他时间也要小心

早上起床时突然发现脸色难看！不用慌张，这可能是由于睡眠不足、饮食不良等引起的。促进血液循环的护理不仅是在早上进行的，白天也要进行。

确认眼睛下方的"黑眼圈"的真面目

黑眼圈形成的原因很多，可能是因为肌肤松弛造成的发黑阴影或是因为褐色色素沉淀等。如果是蓝痣状的，还需找专家进行治疗。

从耳朵和头皮开始促进整个脸部的血液循环

我们可能比较容易关注眼下的阴影等，但我们还需关注的是促进整个脸部的血液循环。适度的运动也能促进全身的血液循环。

要点

晨间护理流程

一般的护理步骤

晨间活血、淋巴按摩　清水洗脸　化妆水面膜　涂在5点　V字涂抹按摩法　防晒、隔离霜、混合技术　防晒护理霜、隔离霜

佐伯式晨间护理

早上起床后照镜子的瞬间，被自己难看的脸色吓了一跳。这种时候，可以采取1分钟即可完成的清晨醒肤活血法。

耳朵

眼下方

头皮

1

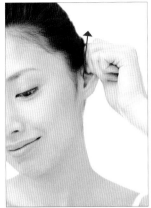

往上拉

抓住耳朵上缘内侧，慢慢往上拉。感到稍有疼痛时即可。

1

将手指放在内眼角上，然后挪开

中指指尖抵住内眼角，轻缓地放上手指，然后慢慢地挪开。

1

用手指缠住一束头发，拉伸

用手指缠住一束头发，慢慢向垂直于头皮的方向拉伸。拉1次换1个位置。

2

往侧面拉

抓住耳朵边缘和耳孔中间部分，慢慢往侧面拉。

2

将手指放在下眼睑上，然后挪开

手指并拢放在下眼睑的正下方，要慢慢地轻柔地放上，再慢慢地挪开。

2

整个头皮都不能有遗漏

从前往后，从左往右，整个头皮都要拉伸缓解。

3

往下拉

抓住耳垂上方的耳孔，慢慢往下拉，分别往上、往侧面、往下拉3次左右。另一只耳朵也进行同样的动作。

3

将手指放在外眼角上，然后挪开

指尖并拢放在从外眼角到太阳穴的位置，要慢慢地轻柔地放上，然后再慢慢挪开。大约操作3次。

佐伯式
晨间活血

身体疲劳或水肿、肌肤暗沉或血色差……3分钟促进血液循环

淋巴循环3分钟按摩

瞬间消除身体疲软、脸部水肿

早晨起床时，发现不止脸色难看，而且身体沉重、脸部水肿，这都是血液循环变差的表现。这种时候，在进行日常护理之前，务必先进行使淋巴畅通的按摩。

脸上的皮肤也是身体组织的一部分。如果全身的淋巴液或血液停滞不前，即使进行表面的护理，也无法改变肌肤的接收状态。必须让水分和营养成分遍及全身，彻底排除体内垃圾。为了恢复肌肤原本的步调，首先要使脸部周围的淋巴畅通无阻。

从脸部附近开始慢慢往下巴、脖子、锁骨、胸部、腋下以及淋巴要塞"淋巴结"按压，可以疏通淋巴阻滞，促进血液循环。

我在进行一些演讲等时，曾让大家亲自实践过淋巴按摩，很多人的脸色瞬间就变得红润了。还有很多人说感觉身体热乎乎的。

由于淋巴是沿着血管方向流通的，因此如果淋巴流通顺畅，还能促进血液循环。

只要血液循环良好，水分和营养也能行遍全身肌肤。而一旦肌肤的接受状态调整之后，就能达到不错的护理效果。

边疏通淋巴循环边进行肌肤护理，就能轻松度过一天的开始。

一定是往一个方向流动的

淋巴会慢慢地往一个方向流动，它不会摇晃、进退不定，因此朝一个方向慢慢按压，便可以调整血液循环。

按摩力度要轻柔

如果用力按压或搓揉，可能会损伤皮肤或淋巴。因此，尽量不要施力于一处，轻轻使用手指的指腹面按摩。

感觉淋巴的"要塞"——淋巴结

淋巴的循环本来就是非常缓慢的，因此我们要以缓慢的节奏，促使体内垃圾流出淋巴结。

要点

晨间护理流程

一般的护理步骤

佐伯式晨间护理

早晨起床发现身体疲软、脸部水肿时，可以仅用3分钟的时间从全身血液循环开始改善。

1

从下巴往耳下

将手指放在下巴下面，按住肌肤慢慢往耳朵下方滑动。感觉耳下腺淋巴结，两侧各进行3次。

2

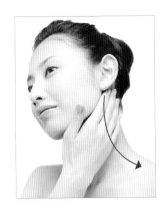

从耳下往肩部

用拇指以外的4根手指的指腹按住肌肤，从耳朵下方慢慢往肩部滑动。感觉颈部淋巴结。

3

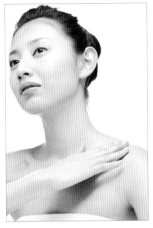

到此为止

移动的"终点"是肩侧的锁骨末端。两侧各进行3次。

4

锁骨从内往外

用手指轻轻按在锁骨上侧，从内往外轻按4～5处。感觉锁骨淋巴结，进行3次。

5

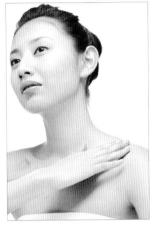

从胸骨往腋下

从胸部中心开始，同按压锁骨般依次慢慢往腋下按压4～5处。改变高度再进行3次。

6

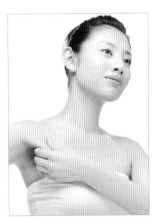

腋下前侧

将拇指以外的4根手指插入腋下，用拇指和其他4根手指捏住肌肤慢慢往身前按压。进行5次，另一侧也一样。

7

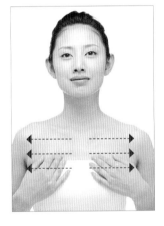

腋下内侧

只将拇指插入腋下，和剩下的4根手指一起夹住内侧慢慢按压。进行5次，另一侧也一样。

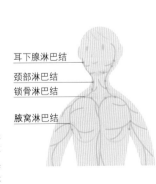

耳下腺淋巴结
颈部淋巴结
锁骨淋巴结
腋窝淋巴结

感觉淋巴的要塞

用使淋巴流通的按摩法进行按摩的部分是淋巴循环的"要塞"——淋巴结集中之处。我们要边感觉淋巴结的位置边慢慢按压，使淋巴恢复原本如水泵般循环的功能。

佐伯式夜间护理

n i g h t   c a r e

提前应付干燥、日晒、流汗、风吹等导致的肌肤问题

结束一天的活动后回家，总是希望尽快卸除脸上的妆彩和污垢。

如果脸上化着妆或粘着汗水干燥后的盐分结晶、氧化的皮脂、灰尘等，肌肤会承受相应的负担。而且，被日晒或冷风吹后，脸部也会有种火辣辣的疼。此时，夜间护理发挥着不让问题扩散的"治疗"作用。

夜间护理的意义是什么?

- 将肌肤问题扼杀在摇篮里
- 为肌肤输送营养
- 睡觉时也是变美之时

虽然晨间护理做好了预防，但是肌肤上仍然会残留来自白天时肌肤所处环境的影响。极其干燥的日子、被烈日暴晒的日子、汗水干燥后形成结晶体残留在肌肤上的日子等，回家后必须马上进行护理。

夜间护理流程

一般的护理步骤

佐伯式夜间护理

以上为一般的护理步骤和佐伯式夜间护理步骤的对照表。首先要卸眼妆和唇妆，然后卸掉整张脸的妆，最后通过夜间护理让你在睡觉的时候变美。

　　卸妆时，用化妆棉和棉签仔细除去脸上的污垢，以免其扩散。最好选择霜状或乳状的卸妆剂，以求达到良好的保湿效果。像这样一步一步进行护理，可以将肌肤从负担中解放出来，并治愈它。

　　另外，与早上一样，要使用化妆水面膜使水分完全被肌肤吸收。这不仅可以滋润肌肤，还为接下来要涂的美容液或乳霜创建了通道。

　　利用化妆水面膜的水分，在平常坚固的肌肤屏障中撕开一个小小的缝隙。将美肤成分从此缝隙中渗入。与涂在干燥的肌肤上时相比，其渗透力截然不同。

　　而且，如果用乳霜等将彻底渗透的成分锁住，睡觉时美肤成分将对肌肤发挥作用，让你在睡眠时间变美。

不能让妆彩或污垢在肌肤上扩散！

卸眼妆

小心转移到化妆棉上，预防黑眼圈和细纹

引人注目的妆容依然有着根深蒂固的人气。而在让人精神一振的妆容背后，卸妆很重要。

请勿因为方便就使用整张脸通用的卸妆用品卸妆，然后只留眼睛周围全黑。

尤其是最近的闪亮彩妆产品中都添加有珍珠、金银缎线等尖锐之物，如果涂在脸上将不容易卸掉。

在湿润的化妆棉上倒上局部卸妆专用的去除剂，使用撕成一层层的化妆棉和棉签，直接将妆彩从一片化妆棉转移到另一片化妆棉上卸妆，而不是转移到肌肤上（详情参照第44页）。

还需注意的一点是皮肤不能起皱。由于眼睛周围的皮肤很薄，所以要特别小心，卸妆时要用单手撑住皮肤。

将妆卸干净，这与以后的美肤息息相关。

要点

在化妆棉上倒上专用去除剂

在用水打湿的化妆棉上倒上专用去除剂。使用撕成5片的化妆棉，制作卸妆用化妆棉和作为承接容器的化妆棉。

创造支点，防止皮肤起皱

用化妆棉擦拭时，如果皮肤起皱，可能会造成眼皮松弛，长出细纹。要用手指按住外眼角和内眼角，轻柔、仔细地卸干净。

外眼角、内眼角等细小的部位要使用棉签

睫毛之间以及外眼角、内眼角上的污垢容易堆积。使用濡湿的含有去除剂的棉签将细小的部位卸除干净。

夜间护理流程

一般的护理步骤

卸眼妆　　卸唇妆　卸妆

用卸妆霜卸妆

泡沫洗液洁面
（一周一次）

夜间化妆水面膜

推玉按摩

脸部提升按摩

化妆水

美容液

乳霜

佐伯式夜间护理

回家后卸妆时，首先要从眼妆和唇妆开始卸起。卸眼妆要使用第44页准备的含有专用去除剂的化妆棉。

这么脏！

准备化妆棉与棉签
详细从第44页开始

佐伯式的风格是不让妆彩和污垢在肌肤上扩散，直接用化妆棉或棉签擦去。用水沾湿化妆棉，再渗入眼妆去除剂，棉签上也要吸取眼妆去除剂。卸眼妆时将此化妆棉撕成5片使用。

1

贴上三角形化妆棉，以作为卸妆时的承接容器

将1片准备用来卸妆的化妆棉（详情参照第44页）折成三角形，紧贴在眼睛下方。用左手的中指和无名指来支撑。

2

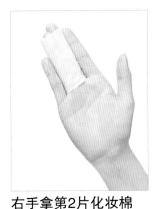

右手拿第2片化妆棉

用右手的手指夹住渗入了去除剂的化妆棉，这样的拿法可以保证卸妆时不会用力过度，弄痛眼睛周围的细薄肌肤。

3

用右手将眼影膏和睫毛膏"复印"到下面的化妆棉上

用左手的手指支撑眼睛下方的化妆棉，同时用右手的化妆棉轻轻将妆彩如"复印"般转移到化妆棉上。

4

将睫毛贴在三角形的化妆棉上，"复印"睫毛膏

重新折叠右手拿着的化妆棉，用干净面的角往下面的化妆棉上转移，睫毛膏不能沾到下眼睑。

5

用棉签擦掉睫毛之间等细小部位

用吸收了去除剂的棉签（参照第44页）将睫毛之间等细小部位的妆彩、污垢转移到化妆棉上。

6

撑住

用右手撑住太阳穴，擦拭下眼睑

用右手撑住太阳穴以免肌肤起皱，从外往内滑动眼睛下方的化妆棉，将下眼睑擦干净。

7

撑住

用重新折过的化妆棉细致擦拭细小部位

重新折叠眼睛下方所使用的化妆棉，用干净的一面擦去下眼睑上细小的妆彩。擦的时候右手要撑住太阳穴。

8

别忘了用棉签清理内眼角和外眼角

妆彩、污垢容易堆积的内眼角、外眼角要用棉签轻轻除去。妆完全卸干净后，你会发现眼睛周围很明亮。

9

确认转移完毕后，用眼药水清洗眼睛

用所用的化妆棉和棉签确认妆彩是否被"复印"。另一只眼睛也进行相同的步骤卸妆，之后用眼药水"清洗"眼睛，完成！

比化妆时还要轻柔、仔细！

卸唇妆

避免唇边生出细纹与暗沉

想要变美的女性会拼命化妆，但是许多人会将卸妆、清洁看得很轻。

虽然鼓足劲化妆是好事，但是如果不养成每天仔细卸妆的习惯，就无法保持眼睛明亮、嘴唇光润丰满。

如果想变美，那么"麻烦"将是禁语。

眼睛周围固然重要，但唇边也要用渗入了专用去除剂的化妆棉仔细卸妆。

由于这是每天都要进行的事，所以为了不让唇边的皮肤起皱，卸唇妆时不要忘了使用闲着的手制作"支点"。

通过细致的卸妆保持健康的嘴唇，还有助于打造出光润唇妆。

不要使用相同的卸妆品卸除整张脸的妆

因为"方便"、"快速"的关系，使用相同的卸妆品一口气卸除整张脸的妆，其实就形同将污垢扩散到整张脸。首先要用专用去除剂卸除某些部位的妆。

不要用干燥的东西擦拭

如果用面巾纸或化妆棉等干燥的东西擦，可能会损伤嘴唇或者导致色素沉淀。因此，要使用水和去除剂弄湿的化妆棉。

要点

夜间护理流程

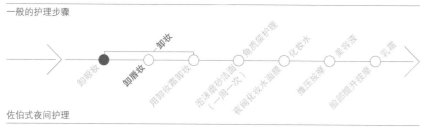

一般的护理步骤

卸眼妆　卸唇妆　卸妆　用卸妆霜卸妆　泡沫磨砂洁面　角质层护理　化妆水　脸部提升按摩　美容液　乳液
（一周一次）　夜间化妆水面膜　搽在皮肤

佐伯式夜间护理

与卸眼妆相同，用渗入了局部专用去除剂的化妆棉仔细卸下唇妆。

准备化妆棉和棉签

卸眼妆和唇妆时要使用渗入了卸眼妆和唇妆专用去除剂的化妆棉和棉签。

卸妆准备

1

将化妆棉在水里浸湿，用手轻轻挤掉水分

将8cm左右厚的正方形化妆棉在水中浸湿，再用手指按压，轻轻挤掉水分。

2

所倒眼妆去除剂范围要大于眼睛宽度

将卸眼妆专用的"眼妆去除剂"倒在化妆棉上，大致倒成一个圆，大于眼睛宽度。

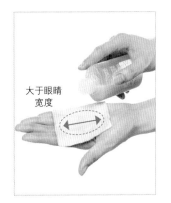

大于眼睛宽度

3

之后使用的棉签上也要沾上去除剂

卸除眼睛周围细小部分的妆时，所用的棉签也要沾上去除剂，用棉签在化妆棉的中心附近打转。

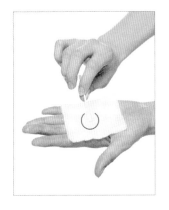

4

撕成5片，用于2只眼睛和嘴唇

由于1只眼睛要用2片，嘴唇要用1片，因此要一层一层撕成5片。一开始将边缘分成5片，然后再撕起来会比较方便。

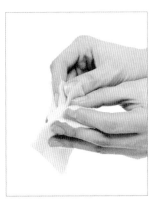

卸唇妆

1

用渗入了去除剂的化妆棉轻轻擦拭

右手拿着撕成5片的化妆棉的其中1片，左手撑住脸颊，从外往内轻轻滑动卸妆。

撑住

2

沿着嘴唇纵纹的方向细细擦拭

重新折叠化妆棉，用干净的一面沿嘴唇纹路仔细卸干净。卸的时候用左手手指撑住嘴角。

撑住　　撑住

NG　用面巾纸用力擦

如果因为嫌麻烦而用面巾纸用力擦，不仅会卸不干净，还会由于摩擦导致色素沉淀。

卸妆也要遵循"肌肤护理时间"

用卸妆霜卸妆
打造细腻、水润肌肤

你想要彻底去除污垢和皮脂保持彻底清洁的肌肤吗?

如果你过了 30 岁,那么我推荐使用乳状或霜状的卸妆剂。因为卸妆剂与妆彩、污垢融合后被一起洗掉,可以让肌肤保持水润。

另外,使用乳状或霜状的卸妆剂,还可以将"V 字形涂抹按摩法"用到卸妆上来。

根据"说明书"取用足够的量,手掌和手指不要摩擦肌肤,要轻轻涂抹。流汗后风干的盐分结晶或者风吹后的污垢会使肌肤表面极为粗糙,卸妆前要先用清水洗脸,冲掉明显的污垢,这样卸妆能更有益于肌肤。

使用霜状或乳状的卸妆剂

有助于调和妆彩、促进水油平衡的是霜状或乳状的卸妆剂。目标是洗完后能有保湿效果。

按照"说明书"取用足量

如果因为觉得浪费而只用少量卸妆剂,最后的结果会是用手摩擦肌肤。首先要使用足够的量,仔细"涂在5点"后将其扩散开。

使用V字形涂抹按摩法扩散

使用按照肌肉走向的V字形涂抹按摩法(参照第30页)进行卸妆。注意,要边提升脸部肌肤边进行扩散。

要点

夜间护理流程

卸完眼妆和唇妆之后,可以开始卸整张脸的妆。使用霜状或乳状卸妆剂可以使肌肤水润。

1

首先取适量卸妆剂

如果是乳霜，在手上倒入"樱桃大小"的量即可。

2

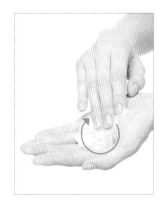

用手掌搓热

用手指往右画圆，将其搓热。这个操作将会提高卸妆剂的肌肤融合度。

3

涂在5点

使用涂在5点法（详情参照第28页）将卸妆剂均匀点在两颊、额头、鼻子、下巴上。

4

首先使卸妆剂与两只手掌融合

涂完5点后，两手搓匀剩余的卸妆剂，使之与整个手掌融合。

5

嘴唇下方

将两只手的指腹置于嘴唇下方的中心轻轻画V字形，将卸妆剂扩散到耳垂前方为止。

6

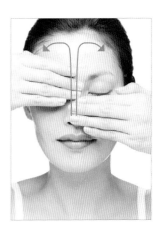

从鼻梁往额头

按照右手、左手的顺序，用整个指腹从下往上捋鼻梁，再从额头中心开始往两侧朝着太阳穴方向滑动手指，使卸妆剂与整个额头融合。

7

鼻子侧面鼻翼

用指腹抚摸鼻子根部、鼻翼侧面，鼻翼处要沿着鼻子轮廓呈圆形抚摸。方向是从上往下。

8

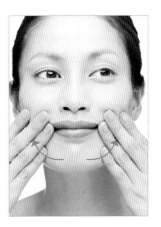

从嘴唇下方往嘴角

将两手指腹置于嘴唇下方，往上捋，直到无名指到达嘴角旁为止。涂完耳朵和脖子处便完成了！

9

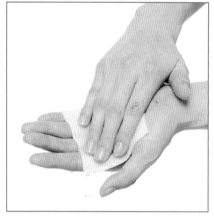
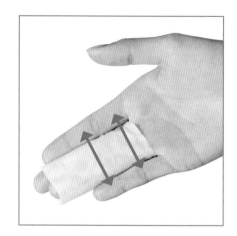

冲洗前先准备湿润的化妆棉

将化妆棉用水浸湿，再轻轻挤掉水分。将其撕成2片，用两手手指夹住。将化妆棉的纤维朝向一侧拿住，可以防止拉伸和起皱。

10

用湿润的化妆棉完成卸妆

使用面巾纸等擦掉手上的卸妆霜之后，两只手的手指之间分别夹1片化妆棉，用相同的顺序移动两只手，轻轻擦去卸妆剂。

11

用温水清洗

用湿润的化妆棉擦去卸妆剂。用温水轻洗，再用毛巾如按压般轻轻擦拭，卸妆完成！

12

为细腻、水润肌肤而陶醉

用两只手掌的触感确认清洗状态。如果肌肤仿佛吸在手上一般，那就是合格的！如果感觉不够滋润，请确认使用V字形涂法时有无摩擦。

一周一次"让肌肤焕发青春"的窍门

泡沫磨砂洁面

使用泡沫和磨砂剂可以消除暗沉，即刻美白

为了保湿，请大家务必养成用泡沫磨砂洁面进行角质护理的习惯。

不管哪个季节，角质护理都很重要。虽说冬季格外重要，但只使用乳霜护理是错误的！适当去除陈旧角质是保持水润肌肤的诀窍。

尤其是夏天刚结束后，是进行磨砂护理的最佳时期。夏季，为了保护肌肤免受紫外线侵害，肌肤的角质层变厚，黑色素排出旺盛。这是夏天结束时肌肤容易发硬的原因。

为了不损伤肌肤，在充足的泡沫中混入磨砂剂，冲洗掉完成使命的充满黑色素的角质层。有些人听到"磨砂"这个词可能会觉得有损肌肤。但现在的磨砂剂都是呈细致的球状，完全不会刺伤肌肤。在佐伯式中，一次磨砂剂洁面便可以让肌肤触感光滑、色泽明亮。

然而，就算可以变美，切忌摩擦或多次进行，标准是一周一次。

去除了陈旧的角质，化妆水面膜和美容液的效果也会迅速提升。

让我们以提升了保湿能力的细腻肌肤度过不知干燥为何物的一年吧！

洁面乳和磨砂剂的用量比基本是1:1

将洁面乳起泡后再混入磨砂剂即是佐伯式的风格。使用充足的泡沫，可以让磨砂剂接触肌肤时变得温和。

将起泡后的洁面乳放入磨砂剂

很多磨砂剂很难起泡，因此，首先用洁面乳打起充足的泡泡，再混入磨砂剂。

不管是扩散还是冲洗时都不要摩擦

不管泡沫有多么充足，摩擦总会对肌肤造成刺激。不管是涂到脸上时还是冲洗时都要轻轻抚弄。

要点

夜间护理流程

一般的护理步骤

角质层护理

泡沫磨砂洁面
（一周一次）

佐伯式夜间护理

一周一次（或肌肤粗糙时）进行卸妆后的泡沫磨砂洁面。

1

将洁面乳倒在打湿的手上

用清水洗脸后倒适量洁面乳于手上，用量标准是2~3粒珍珠大小。

2

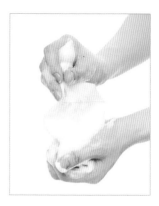

用起泡网充分起泡

添加温水，充分起泡。使用起泡网，打出细密、有弹性的泡泡。

3

加入磨砂剂

取与一开始倒出的洁面乳等量的磨砂剂于手上。

4

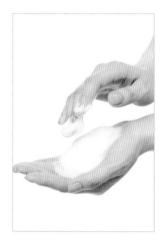

泡沫磨砂剂准备完毕

在手掌上将磨砂剂和起泡的洁面乳完全混合。

5

将泡泡涂在脸上

在两颊、鼻子上、额头、下巴5个点上都涂上泡沫磨砂剂。

6

轻轻扩散

用两只手掌将泡沫磨砂剂扩散到整张脸上，不要直接摩擦脸。

7

在意的部分要格外细致

鼻翼周围及下巴等容易粗糙的部位要一圈一圈轻抚。

8

用温水轻轻冲洗

两手掬起温水，手沿着脸画圆，然后轻柔冲洗。

夜间使用化妆水面膜可以达到美容液级别的效果

夜间化妆水面膜

3分钟造就紧致、有弹性的肌肤

与早上相同，晚上也要通过化妆水面膜使化妆水渗透肌肤。刚做完化妆水面膜后，感觉整个肌肤都变得明亮、通透，这是因为水分充足的肌肤看起来比较白皙。

而且，坚持使用化妆水面膜可以调整肌理，打造由内而外闪闪发光的亮丽肌肤。

最近，很多人在担心毛孔问题。虽然化妆水面膜对此也有效，但是我们首先要清楚，毛孔是肯定看得见的。

我们在杂志或者电视广告上看到的模特儿、主持人总是拥有如陶瓷般光滑的肌肤，完全看不见一丝毛孔。但这样的照片和图像不过是经过图像加工技术处理的"作品"而已。人类的肌肤上肯定是存在着发挥必要功能的毛孔的，而人眼看得见也是理所当然的。

然而，看到毛孔就尖叫"毛孔啊"，然后用力擦或者将污垢和皮脂挤出，持续进行这种错误护理的人太多了。理想的肌肤应该是饱满、有光泽、肌理平整、表面紧致、毛孔规律排列的肌肤。不仅是干燥时，当觉得皮脂过多时，也可以通过做化妆水面膜给予肌肤充足的水分。恢复肌肤的水油平衡，打造水润肌肤。水分充足、肌理平整的肌肤将会成为对皮脂、汗水、紫外线等的刺激抵抗力很强的"万能肌肤"。

目标是有光泽的亮丽肌肤

通过化妆水面膜补充了水分的饱满肌肤，毛孔将不再明显。另外，由于肌理平整、反射光均匀，因此可以显出光泽。

肌肤发黏时也可以通过补充水分恢复平衡

肌肤因汗水和皮脂发黏时，化妆水面膜很有效。只要补充了水分，就可以调整水油平衡，提升肌肤状况。

使用塑胶浴帽或保鲜膜可以更进一步提升效果

如果在化妆水面膜上覆上开了气孔的塑胶浴帽或者保鲜膜，由于体温和蒸汽作用，可以达到类似全身美容的效果。

要点

夜间护理流程

一般的护理步骤

佐伯式夜间护理

通常在卸妆并做完一周进行一次的泡沫磨砂洁面后进行。

1

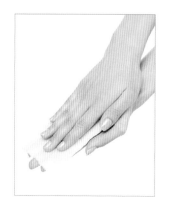

浸湿化妆棉

使用自来水或纯净水浸湿8cm×16cm的一大张化妆棉，用两手夹住轻轻挤掉水分。

2

渗入化妆水

往化妆棉的几个位置滴无酒精类型的化妆水，使其扩散至整张为止。化妆水的用量标准为，在多处滴1元硬币大小的水滴。

3

撕成5片

将化妆棉的边缘一层一层分成5等份，撕成5片薄薄的化妆棉。

4

暂时放在洗漱间准备的碗中

要准备在分别将撕成5片的化妆棉展开、开孔后按顺序贴在脸上期间等待被贴到脸上的化妆棉的放置场所。这样就可以从容地将化妆棉一片一片贴上去了。

5

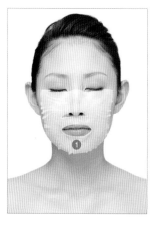

在下半张脸上贴1片

用手在第1片化妆棉的鼻子和嘴巴部分开孔，贴在下半张脸上（❶），并将其平展开，贴到下眼皮为止。

6

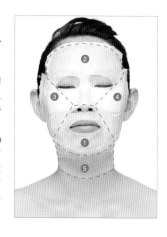

在上半张脸、两颊、脖子上贴

用手指在第2张化妆棉的眼睛部分开孔，贴在上半张脸上（❷）。第3张、第4张从眼睛下方开始往下巴侧面方向展开，分别贴在左右两颊上（❸、❹）。这样，容易干燥的眼睛下方就重叠贴了3片。第5片贴在脖子上（❺）。3分钟后取下并用双手按摩，以促进肌肤表面水分的吸收。

7

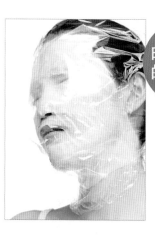

时间充裕的日子里

如果想要进一步提升效果，可以加用保鲜膜或塑胶浴帽

为了不让化妆棉干燥，可在脸上蓬松覆上保鲜膜（以免隔绝空气），或者罩上开了气孔的塑胶浴帽，这样利用体温就能形成"自动温热面膜"。可以快速恢复细腻、紧致肌肤。

从肌肤的基础——"真皮"开始激活

美容液和乳霜按摩法
［推压按摩法和脸部提升按摩法］
100%活用美容液和乳霜的窍门

晨间护理是"预防"，相对的，夜间护理则是对当天损伤的"治疗"。

另外，进行夜间护理，可以在睡觉的时候将营养成分传遍肌肤，让你在睡眠中变美。

而其根本是将美容液和乳霜的美肤成分彻底送入肌肤的护理步骤。

涂抹扩散时，基本是进行"V字形涂抹按摩法"，为了促进美容液成分的渗透，可以经常使用勾芡过的液态美容液。于是，我们可以将美容液涂在5点，使其快速扩散开，再用两只手掌包住脸，将成分送入肌肤深处。

用手掌的压力按压的"推压按摩法"还可以加速肌肤的血液循环，使营养成分更好地渗入肌肤。

另外，给予你奢华体验的夜用乳霜拥有丰富的营养成分，可以让你在睡眠之时变美。使用V字形涂抹按摩法将夜用乳霜的营养成分送至整张脸，最后使其彻底被肌肤吸收。接下来我们就可以期待第二天早上的肌肤了。

使用足量体验其效果

按照产品说明上写的用量标准，用完1瓶将会显出效果。如果因为怕浪费就减少用量，将无法验证效果，其结果也会令人遗憾。

充分渗入化妆水的面膜创造渗透路线

因化妆水面膜充满水分使肌肤可以接受平时因为坚固的屏障迅速而返回的成分。敷完化妆水面膜后，趁肌肤柔软、饱满时涂上美容液、乳霜。

通过角质护理提高护理效率

如果陈旧的角质残留，将会阻碍美肤成分的渗透。只要一周一次用泡沫磨砂剂冲洗掉碍事的陈旧角质，之后涂的美容液和乳霜的成分将会更易渗透。

要点

夜间护理流程

一般的护理步骤

美容液　乳霜

佐伯式夜间护理

使美容液和乳霜的美肤成分，在夜间敷过化妆水面膜后水分充足的肌肤上慢慢渗透。

1

按产品说明书选择美容液的用量

虽然我们可能会觉得使用昂贵的美容液很浪费，但是为了达到产品原本的效果，要按照产品说明进行取量。使用足量的美容液还可以提升肌肤融合度。

1

涂在5点

取等量的乳霜涂在两颊、额头、鼻子、下巴这5处。确认是否各处用量充足，如若不足则需补足。

2

涂在5点

为了涂满整张脸，要先点在两颊、额头、鼻子、下巴这5点上。然后用整只手掌沿着图示箭头方向扩散到整张脸上。

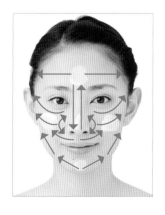

2

用两只手掌均匀扩散

用两只手掌将手上残余的乳霜搓匀，用指腹和整只手掌按照V字形涂抹按摩法将其均匀扩散。耳朵和脖子部分不要忘记涂。

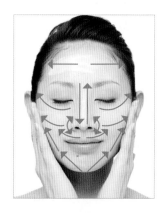

3

推压按摩

用手掌包住并按压整张脸，使美容液融入肌肤深处。每天使用，用完一瓶即可见效。

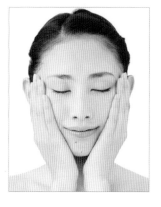

3

用手掌使肌肤平静

为了让美肤成分彻底渗入肌肤，用两只手掌包住脸，慢慢传递体温。确认涂完乳霜后的肌肤是否水润细腻。

还要拉伸额头的肌肉

打造不知粗糙、瘙痒为何物的水润身体

洗浴时揉搓全身

通过揉搓和保湿，打造完美水润肌肤

如今因为有空调的关系，我们可以全年都穿很少的衣服度过，而衣服穿得少的时候需要注意胳膊肘儿、膝盖、脚后跟等地方。

尤其需要进行护理的季节是冬季。冬季，为了防止热量和水分散失，角质层容易变厚，这也是代谢迟缓的证明。以胳膊肘儿、膝盖、脚后跟为中心，身体会变得粗糙发硬。

从秋天到冬天，有很多人的胳膊和小腿会掉皮屑。

如果放任不管，那么不管怎么进行保湿护理，皮屑依然会掉。掉皮屑是因为陈旧角质处于翻卷状态。即使在这层干涸的角质上仔细涂上身体乳，肌肤的保湿能力依然无法恢复。

冬天进行肌肤护理时，必须使用温和的磨砂剂进行角质护理，轻轻去除陈旧角质。

因此，在将全身的泡沫冲洗干净后，要彻底进行揉搓护理。这样可以让具有优越保湿能力的新角质层出现在肌肤表面，然后涂上充分的身体乳才能显出保湿效果。

从春天开始，女性就喜欢穿凉鞋或拖鞋，此时切莫忘了足下护理。手指指尖也要进行保湿，在清洗之后，以手指甲为中心，用护手霜进行护理，这样白天也不用担心手上发黏，可以清爽度过了。

保湿要选乳状保湿剂

对揉搓后的身体进行保湿护理时，要使用充足的可以调整水油平衡的乳状保湿剂。

享受洗浴用品

如果将护理当做任务，将会很难坚持。我们可以使用自己喜欢的洗浴用品，享受揉搓护理的时光。

进行冲、洗、揉搓这3个步骤

进行身体护理时，要先淋浴冲掉全身的污垢，再慢慢在浴缸浸泡。身体泡暖后，用泡沫清洗，再进行搓揉护理。

要点

首先，通过淋浴冲洗全身，再在浴缸里泡暖身体。

1

用泡沫清洗

使用起泡网将肥皂或洁肤皂打起许多泡沫，用泡沫清洗全身。

肩膀、上臂后面

用戴着白色棉纱手套的手揉搓平时很难清洗的肩膀和上臂后面，逆时针呈螺旋状移动，可以清除毛孔的污垢。

胳膊肘儿、膝盖

胳膊肘儿、膝盖也要逆着汗毛的生长方向逆时针画圆般揉搓护理，这样可以轻松去除陈旧角质和毛孔污垢。

2

揉搓

使用白色棉纱手套（棉花制品）、棉手套、脚后跟锉刀等工具，仔细揉搓全身的细小部位。

背后

使用棉、麻等天然材质的洁肤毛巾用力摩擦肩胛骨之间等位置，可以防止赘肉出现，还可以保持肩胛骨干净。

脚后跟内侧

支撑体重的脚后跟内侧的角质层容易变厚，因此需要勤护理。与鞋子边缘接触的脚后跟上侧也要揉搓。

3

全身保湿

为了不让经过揉搓护理后表面生出的全新角质层干燥，使用身体乳使其保持良好的水油平衡。再用整个手掌慢慢抚摸使肌肤吸收。

单臂、单腿用量

身体乳用量要充足。用手掌揉搓热身体乳，然后慢慢滑动整只手掌，使其被腿和胳膊吸收。

边泡暖身体边用水流按摩法激活肌肤

水流按摩法

促进血液循环，彻底排出体内垃圾

肌肤代谢容易停滞时进行的护理基本是"角质护理"。保持肌肤表面的水分，不让陈旧角质堆积是根本原则。

然而，由于肌肤的水分不足或营养不足而使其变得贫瘠。如果这种现象无法改变，那么让我们来实践一下能迅速提升肌肤活力的水流按摩法吧。

因为是用水进行的按摩法，所以在寒冷时期，也可以用温水进行。

泡在浴缸里，在温暖全身的同时疲劳全消。

边让肌肤直接补充足够的水分，边沿着肌肉走向用水流的刺激进行按摩，可以促进血液循环，让营养成分行遍全身，顺利排出体内垃圾，还可以迅速恢复肌肤本来的弹性和通透。

这种方法还有消除水肿的作用，因此脸上微肿时也有效。另外，冬季的水肿也是盐分摄取过多导致水分代谢不畅的标志，因此体内也要补充充足的水分，以排出多余的盐分。

这种做法是用水流沿着肌肉走向来刺激整张脸的，因此，定期进行可以解决脸部肌肉松弛的问题，还可以预防和改善脸部松弛。

进行完水流按摩法后，为了让所补充的充足水分到达肌肤，别忘了用乳液或乳霜进行保湿。

边用温热的毛巾暖脖子

如果在泡澡时进行，可以在浴缸边缘铺一块温热的毛巾，头枕上去后可以暖脖子。脸部朝上，方便护理。

水流较大时顺时针进行

虽然按摩步骤看起来复杂，但是只要记住，水流较大时，手的移动方向是顺时针即可（从自己的方向看过去）。按照从额头、右颊、唇边、左颊的顺序进行。

注意水流的角度

垂直肌肤方向喷水的按摩效果是最佳的。将鹤颈瓶滴液吸移管的角度调整为90°，便于对准脸喷。

要点

边暖脖子边进行

温暖了作为血液流向脸上的通道——脖子，对于脸上血液循环的改善更为有效。另外，脖子和肩膀酸疼都与脸上的血液循环不畅有关，因此要边暖脖子边进行。

在脸上喷水

往脸上垂直喷水。脸稍微往上扬起，将鹤颈瓶滴液吸移管拿到稍微高一点的位置喷水。

鹤颈瓶滴液吸移管呈90°角

为了有效地往脸部肌肉传递水流的刺激，将鹤颈瓶滴液吸移管的弯曲角度调为90°。关键是水流要垂直于肌肤喷下。

1

额头呈Z字形喷水

往鹤颈瓶滴液吸移管中倒入200～300ml的水，边用手指慢慢握住容器，边从下往上呈Z字形移动，在额头上横向喷水。

2

右眼周围

往眼睑周围一圈一圈地喷水，刺激包围眼睛周围的眼轮匝肌。

3

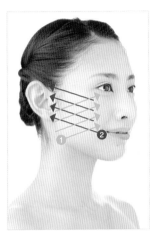

右脸颊上呈十字形喷水

❶从下巴往鼻翼侧面、从脸部内侧往上画线般往整张脸上喷水。❷从下巴下方朝上往耳朵方向、脸部外侧画线般喷水。

4

嘴巴周围

往嘴巴周围一圈一圈地喷水，刺激包围嘴巴周围的口轮匝肌。

5

左脸颊上呈十字形喷水

❶从下巴往鼻翼侧面、从脸部内侧往上画线般往整张脸上喷水。❷从颧骨内侧朝上往太阳穴方向，往脸部外侧喷水。

6

左眼周围

往眼睑周围一圈一圈地喷水，刺激左边的眼轮匝肌。

7

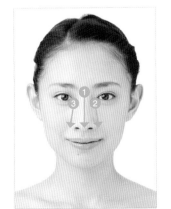

鼻梁

按从鼻梁的①中央、②左侧、③右侧的顺序一一进行喷水。

8

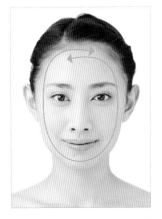

脸部周围

从额头上方沿着轮廓，围绕脸部往右、往左分别喷水数次。

刚洗完澡是进行局部护理的好时机！

足部护理、手部护理

正因为去除了污垢，所以才更水润

你想不想成为连脚底、指尖都美丽的女性呢？我年轻的时候，看到服装发型完美、连指尖都很漂亮、涂着鲜红指甲油的女性，就觉得非常憧憬，心里会想，"好漂亮！她是做什么工作的呢？"

相反，如果妆容完美，但是脚后跟和指尖粗糙，则一眼便可看出这是因为护理不足……

护理脚后跟时，彻底清洗、揉搓之后的保湿尤为重要。定期做3段式足膜，可以保持脚后跟滋润。

手容易粗糙的人或为了美甲艺术而留了长指甲的人会很害怕仔细洗手吧！

但是，为了漂亮的指尖，彻底清洗后将多余的角质与污垢一起冲掉是必须的。当然，之后还要用护手霜保湿。

有很多人即使手很干燥，但因为担心"发黏"而对护手霜敬而远之，这种情况下，可以将护手霜倒在手指甲上，让指甲与指甲互相摩擦，这样就可以不用涂在手掌上而达到护理指尖的效果。

取足量的护手霜，涂遍指尖和指甲周围。指尖互相摩擦或者按摩指甲周围，可以促进血液循环，应对寒冷与干燥。

平常修指甲的人不涂护手霜，是因为涂了底油和顶油等透明的东西，这些东西可以将光线集中在指尖。经常动手也能让神经行至指尖，使其变美。

正因为是细小的部位，所以才更该仔细护理。

要点

足部护理要在揉搓后进行彻底的保湿

对于粗糙的脚后跟，我们很容易只进行揉搓护理。但是，对脚后跟进行彻底保湿是不可或缺的。所以请一周进行一次3段式足膜吧。

护手霜要从指甲涂至指尖

用手工作的人会讨厌护手霜让手"发黏"。此时可以将护手霜倒在手指甲上，用指甲与指甲互相摩擦使护手霜扩散，同时指尖也要互相摩擦。

洗手、彻底擦干后让手吸收水分

手要仔细清洗、仔细擦干。如果对指甲周围等残留的水分放任不管，会与肌肤的水分一起蒸发，因此可通过"搓手"等使其被吸收，以保持肌肤的水润。

3段式足膜

1

涂上足量的乳霜

为了从脚趾甲到脚背再到脚趾尖都变白，需要涂上保湿乳霜。如果使用含有薄荷醇的乳霜，还能消除疲劳。

2

用保鲜膜包裹

将展开的保鲜膜贴在脚上，让保鲜膜仿佛包住涂了乳霜的整个脚尖般覆盖在脚上。两只脚都这样做。

3

另一侧也一样

用箔从上包住

为了锁住体温，提高保湿成分的渗透率，将箔展开包覆住整只脚。就这样包10~30分钟。

🤚 水润手部护理

1

用肥皂搓出泡泡，仔细清洗

如果干燥时不仔细洗手，会进入一个恶性循环，陈旧角质堆积，然后变得更加干燥。用肥皂搓出泡泡后，仔细清洗。

2

擦干后使残留水分被手吸收

擦干后，如果不管指甲周围和手指之间残留的水分，它会与肌肤的水分一起蒸发掉。因此，要在不混入皮脂的情况下使其被手吸收。

3

将护手霜倒在手指甲上

如果倒在手掌上，那种黏腻感可能会影响手上工作。因此可以将护手霜倒在指甲上，通过指甲与指甲互相摩擦扩散。

4

从手指甲往手腕和指尖

指甲与指甲互相摩擦，将护手霜扩散到手腕和指尖为止。

5

用相隔的手指摩擦吸收

将手指关节与指甲根部互相摩擦，促进护手霜的吸收效果。

6

指尖在手掌上打圈圈

指尖在手掌或指甲上打圈圈，在指尖和指甲的文界处涂上护手霜。

7

轻轻按摩指甲周围

轻轻按压指甲侧面和根部，促进护手霜的吸收。同时进行按摩，这样可以促进血液循环，让指甲变温暖。

冬 —— 保持温暖 补充营养

春 —— 补充水分 促进循环

佐伯式季节护理

解决季节皮肤烦恼的特殊技巧

季节护理的意义

- 结合每个季节肌肤的状况对症下药
- 不会因小问题而慌神
- 对美白和预防松弛的特别护理

每日的护理可以预防肌肤问题，但与将问题扼杀在萌芽阶段的修复相比，季节特殊护理则可以为针对季节特有的肌肤环境进行的护理和日常护理加分。更是美白和预防松弛的护理。

夏 —— 凉爽美白

秋 —— 和肌肤状况检查 从真皮开始的弹力护理

season Care

　　每日，坚持佐伯式晨间"预防"护理和晚间"修复"护理可以加强肌肤抵抗力，不易受外界变化的影响。

　　即便如此，若肌肤跟不上季节变化的步伐，或是在寒冷、花粉等季节特有的肌肤环境下，必须要采取相应的措施。

　　比如，对冬天敏感的肌肤会因寒冷而导致血液循环不顺畅。一旦营养补充不足，肌肤就会陷入干瘪状态。

　　到了春天，汗腺以及皮脂的分泌量会突然增加，若肌肤无法适应这一变化就容易长痘。更要注意的是，还有可能会因为季节特有的花粉而导致肌肤粗糙。

　　而夏天，则是要重点预防肌肤晒伤，是祛斑美白的时期。

　　待入初秋后，夏季的疲惫还残留在肌肤上。要从肌肤的根基——真皮进行保养，才能恢复原有的肌肤弹性。另外，还要了解肌肤疲劳度的肌肤状况检查方法。

　　每个季节里，若稍微感到肌肤状态不好时，请一定要试试这些特殊的护理方法。

　　当然最基本的还是要及早采取措施。像这样掌握了相应的方法后，即使发生了肌肤问题也能镇定自若，心中更有把握。

冬季特殊护理
1

唤醒因寒冷而使血液循环不通畅导致的僵硬肌肤

温暖护理和淋巴按摩

脖子、背部开始的温暖护理能通畅血液，提升肌肤润泽度

　　为了不向冬季的干燥低头，总是认真地做了各种护理，可是完全感觉不到效果，只觉得肌肤的紧致和弹力都在慢慢地消失。

　　这时就不能仅仅依靠来自肌肤外侧的护理了，试着检查一下有没有全身的寒冷或是僵硬吧。

　　因感到冷而缩背，因压力较大而感觉眼睛、肩膀以及后背僵硬着，甚至还有体寒。应该有很多人都处于这种状态吧？

　　这就是在寒冷和压力下导致血管收缩，血液循环容易变得不通畅的标志，同时也是用于回收体内垃圾的淋巴通道的循环也在变糟的证据。

　　首先要放松身体，用热毛巾等温暖脸部周围的脖子和后背。在直接温暖脸的同时，也要注意好好温暖一下疲惫的眼睛和容易被遗漏的耳朵。

　　然后慢慢地放松脖子或做淋巴按摩，就能消除僵硬，血液和淋巴的循环也会变好。

　　循环恢复后，肌肤的新陈代谢也可重整，水分和营养可以随着血流被传送到肌肤的各个角落。这样，肌肤对护理的吸收度也被重新调整了。

　　相反，循环若是不好新陈代谢也会混乱，对于水分和营养都不足的肌肤而言，无论从外部进行多少护理，都是白费力气的。

　　寒冷的季节里，即使白天也请用便携式怀炉、热水壶、膝盖毯等来保护身体不受寒吧。

按摩淋巴，回收堆积已久的体内垃圾

按摩淋巴来排出堆积在体内的废物以及疲劳物质。慢慢地推压按摩使其排出，就能恢复光洁无瑕的肌肤。同时还能消除水肿，使面部线条更加清晰！

用温暖护理来提高血液循环

使用热毛巾来促进脖子、后背和脸部的血液循环。特别是眼睛和耳朵也要落实到位。这样能使水分和营养渗入每一寸肌肤。只要觉得疲劳已被驱散就可以了。

温暖僵硬的脖子、肩膀、后背

连接面部的脖子、支撑身体的后背、淋巴重要分布点的肩周，一旦这些部位僵硬了，供给肌肤的水分和营养以及体内垃圾的排泄都将迟缓。需要施加温热进行放松。

要点

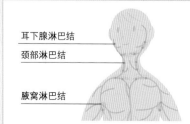

耳下腺淋巴结

颈部淋巴结

腋窝淋巴结

边感觉淋巴结边按摩

因冬季寒冷而感觉身体僵硬的状态下，体内很容易堆积废物，这也是肌肤黯淡的原因之一。一边感觉着淋巴结（参照下图）的位置一边按摩淋巴，将体内垃圾排出，消除肌肤黯淡和水肿。

温暖护理

1

伸展脖子

用电灶将热毛巾加热到适当温度，用保鲜膜包裹热毛巾直接挂在脖子上。保暖的同时将脖子左右伸展，进行放松。

2

温暖后背

不止脖子，后背也是容易僵硬的一部分。将热毛巾沿着脊椎骨贴在后背上进行保暖，缓解僵硬。

3

温暖眼、耳

面部中最容易疲劳的是眼睛。将热毛巾直接敷在脸上，充分温暖眼睛和耳朵，消除疲劳。

4

用自制连指手套温暖整张脸

将毛巾4等分，制成自制连指手套（右），将其加温后盖在手上，然后温暖整张脸。不要揉搓，要轻轻地按压。

淋巴按摩

1

从下巴到耳朵

沿着下颌的线条用指腹慢慢从下巴推压至耳垂后。按摩的同时想象着体内的废弃物正在流向耳朵下方的淋巴结的状态。

2

从耳朵到肩膀

用指腹慢慢地从耳朵推压至肩膀。注意颈部的淋巴结，想象着正在慢慢地提高淋巴的循环。

3

轻压腋下

将指腹放在腋下，轻缓地向内侧按压。要感受着腋窝的淋巴进行按压。左右大致各做3组按摩。

连指手套的做法

1

将毛巾4等分
1条毛巾可做4只

2

对折
缝边

3

翻出来
在用于外翻的孔上缝数针

往肌肤内充分注入水分和油分

乳液面膜

冬季的疲劳也在慢慢回复

年初和年末都是需要出席很多派对以及祝福晚会的季节。

到了这种时候，为了能拥有润泽、细腻、弹性十足的皮肤，按照我教你的护理方法来试试吧。

大家是否每天都有在使用化妆水面膜呢？若想变漂亮，先要从化妆水面膜开始。只需要化妆棉和化妆水便能完成，是最棒的美容保养肌肤的方法。

而这次介绍的特殊护理是给踏踏实实坚持做化妆水面膜的各位的"褒奖"。

方法是，首先洗完澡后，在脸上厚厚地涂一层乳液，在上面敷上化妆水面膜。这时将化妆棉撕成两片。接着只需用浴帽和保鲜膜覆盖住便可。这样水分便不会流失，敷上30分钟。

这也是充分利用未使用光而剩下的乳液的"环保技能"哦。

对于水分不足的肌肤来说，可能无法很好地吸收乳液中的营养。但是，如果是每日都在用化妆水面膜进行滋润的肌肤，则可以迅速吸收乳液中的营养。当然，因为油分这个"盖子"的存在，水分和营养也会被好好锁定在肌肤里。做完面膜后的肌肤会变得白净、润泽、富有弹力。

这个效果可以持续到第二天，使化妆效果超群！用不输于华丽服饰的润泽、艳丽的肌肤来为你今日光彩夺人的登场再添一丝精彩吧！

**每日的化妆水面膜
是必须的**

即使是用乳液进行营养补给，但若肌肤水分不足也无法实现其效果。首先要将化妆水面膜作为每日必修。当皮肤纹理变得有光泽了，这才是进入乳液面膜阶段的信号。

**作为给肌肤的
褒奖**

因乳液面膜导致肌肤长痘是日常护理中水分补给不足的信号。只有那些平日里就很努力护理肌肤的人，这种给予肌肤的"褒奖"才能显示出成果。

要点

1

往脸上敷2mm左右厚的乳液

刚洗完澡，趁肌肤内水分充足的时候，在脸上厚厚地抹一层乳液。厚度大致为2mm。

2

准备浸泡过化妆水的化妆棉

将8cm×16cm大小的化妆棉纸用自来水打湿，轻轻挤压一下。

3

渗入化妆水

在整张化妆棉中渗遍化妆水。倒在手心中约1元硬币大小的量。

4

撕开化妆棉

从边缘开始撕开化妆棉，将其的厚度分为2等分。纵向撕不容易撕坏。

5

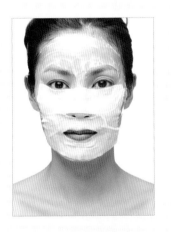

贴在脸下半部分

将撕开的化妆棉中的一张铺在鼻子和嘴巴的部位，开个洞透气。盖过乳液，从眼睛下方开始敷在脸的下半部分。

6

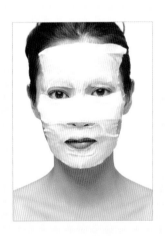

贴在脸上半部分

将另一张化妆棉盖过乳液敷在脸的上方，留出眼睛部位的洞。这样眼睛下面的两张化妆棉就重叠了。

7

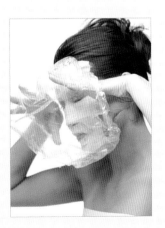

将浴帽盖在脸上

将浴帽盖在脸上，事先要开好透气孔。敷完面膜后，让剩余的水分和油分彻底被肌肤吸收，然后就这样就寝。

衬托第二天的妆容

完成乳液面膜后的润泽、艳丽肌肤。加上光彩夺目的妆容，效果超群！

肌肤的水分正是美肤的关键

化妆水 + 蒸汽面膜

为肌肤积攒滋润的资本来
预防肌肤问题

如果每日都做化妆水面膜，肌肤就有足够的力量来预防大多数问题的发生。但即使如此，在春天也需要特别重视化妆水面膜，这就是佐伯式皮肤护理准则——"春天即保湿"的支柱。

随着春天气温的慢慢上升，汗液和皮脂的分泌也在增加，这会让人有种皮肤很滋润的错觉。于是，化妆水面膜减到了每日早晚只做一次，从每天都做变成了偶尔做一下，然后就变得越来越偷懒了吧？

事实上，这种很滋润的感觉只是表面上的。如果在这个季节对化妆水面膜偷懒，会导致因肌肤的内部变得水分不足而更加容易受到紫外线的影响、因水分不足使油脂分泌过多而让人感觉到很油腻或毛孔粗大的情况出现。

不要被很湿润这一错觉所蒙蔽，每天都要往肌肤深处兢兢业业地储存"滋润"，早与晚都要好好地坚持做化妆水面膜。

另外，为了使皮肤滋润后纹理、弹力也能随之提升，还可以进行特别的护理，即在化妆水面膜上再覆上开了洞的保鲜膜或是浴帽。

这样通过自身体温加热产生的蒸汽充满了皮肤表面，轻轻松松便能获得蒸汽理疗的效果。

积攒了滋润储蓄后，就能保持在夏天也不易被晒伤的肌肤。化妆水面膜并不是在日晒后便起作用，而是要在为日晒做准备的阶段才是最有效的哦。

**不残留角质，
滋润提升！**

汗液或皮脂过多会使肌肤变得粗糙，新陈代谢也随之混乱。将旧角质和污垢一起用"泡沫型磨砂剂"轻轻去除，然后再用化妆水面膜来集中补给水分。

**不要过分去除
皮脂**

对肌肤而言，皮脂必不可少。若皮脂被过分去除，会导致形成恶性循环：皮脂不足的信号→过多的皮脂分泌→皮脂的酸化→毛孔受刺激后皮脂分泌变得越来越活跃。

**目标是
有光泽的肌肤**

在有光泽和弹性的肌肤上，最理想的状态是毛孔按序紧密地排列在一起。如果将毛孔作为眼前的敌人而做了错误的护理，肌肤会变得更加粗糙，结果反而使毛孔越发醒目。

要点

1

打湿化妆棉

用自来水或矿物水将8cm×16cm大小的化妆棉彻底打湿，两手平压，轻轻挤一下。

2

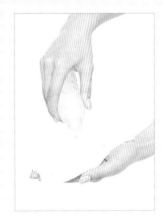

渗入化妆水

将无酒精类型的化妆水滴在化妆棉上数处，渗透到各个角落。化妆水的使用量大致为1元硬币大小。

3

撕成5张

将化妆棉小心地撕成5等分的很薄的棉纱。

4

暂时放在碗等容器里

将5张撕开的化妆棉暂放在碗等容器里，这样方便一张张往脸上敷。

5

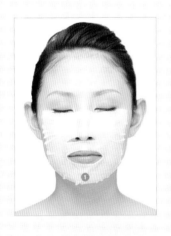

在脸的下半部分放一张

将其中一张放在脸的下方（①），鼻子和嘴巴部分用手指撕开个洞。将化妆棉彻底平摊到下睫毛处。

6

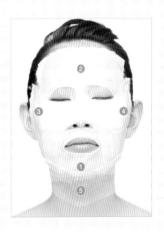

贴在脸上半部分，两颊以及脖子上

第二张贴在脸的上半部（②），眼睛的部位用手指撕开2个洞。第3张、第4张分别敷在眼睛下方的左右两颊处，一直伸展到下巴两侧（③④）。这样一来，在容易干燥的眼睛下方有3张重叠在一起。第5张敷在脖子上（⑤）。3分钟后取下，两只手轻拍肌肤表面。

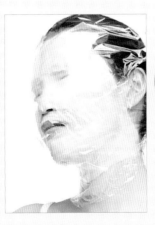

敷上有孔的保鲜膜

为了不让化妆棉干掉，可以将开了洞的保鲜膜或浴帽覆在脸上，变成"蒸汽面膜"。肌肤纹理和弹力便能立即恢复。

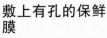

时间充裕的日子里

树吐嫩芽的季节里出现的肌肤问题要尽早处理

针对粉刺和痘痘的护理

加速循环，排出体内垃圾

春天是树吐嫩芽的季节。对于肌肤而言，也是容易冒粉刺和痘痘的季节。

这就是在冬季加强了对寒冷和干燥抵抗力的肌肤没有跟上季节变化的证据，即气温上升，皮脂和汗液的分泌量虽在增加，但肌肤本身没有跟上这种变化。肌肤表面依然是"冬季模式"，但皮脂和汗液的分泌却已在增加，排泄出口过于狭窄导致皮脂和汗液堆积。春季里粉刺、痘痘出现的原因便是如此。

这种时候，首先要用带有杀菌效果的含酒精化妆水将棉棒打湿，轻轻涂抹，将"出口"好好清洁干净。

然后，为了让应该被排出的陈旧废物顺利排出，要缓缓地放松"出口"周围，并且还要让肌肤内侧的"清道夫"——淋巴也工作起来。加速循环，使体内垃圾从淋巴要处开始流动，体内垃圾就能被排泄，粉刺和痘痘也就被消灭了。

若是将冒出来的粉刺硬藏在化妆品下，排泄出口就会被堵塞而越发恶化，但只要像上述这样冷静地对付它们，就能避免陷入这种恶性循环。

与此同时，还需要注意饮食方面。应该很多人都有过因为吃得太多而导致嘴巴周围长痘痘的经历吧？

控制饮食量、选择易消化的食物。另外，在吃肉食前，先吃能活跃消化酵素的蔬果等食物。要在饮食方法以及饮食顺序上下点工夫哦。

用酒精棉棒来清洁表面

冬天自我关闭且僵硬了的毛孔使体内垃圾的出口因为堵塞而变得狭窄。将棉棒用含酒精的化妆水浸透，轻轻擦在粉刺、痘痘的表面。保持体内垃圾出口的清洁。

提高周围的循环，使体内垃圾流出

无法从毛孔排出的体内垃圾，需要按摩淋巴的流向，从内侧进行回收。在不需要直接接触粉刺或痘痘的情况下，关键是提高周围的循环，使得其往淋巴要处排出。

兼顾肠胃保养

嘴周围出现粉刺、痘痘则暗示着肠胃状态欠佳。要控制饮食过量，尽量选择易消化的温热食物，同时还要多摄入益于修复胃壁的蛋白质以及助消化的蔬果。

要点

1

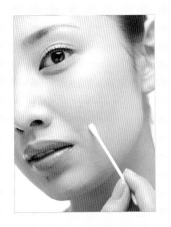

清洁表面

将棉棒用含有酒精的化妆水浸透，轻缓地涂在表面，尽量不刺激到粉刺和痘痘。将体内垃圾的出口弄干净。

2

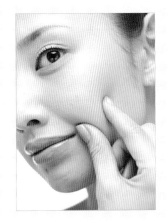

促进周围的循环

注意不要直接接触到粉刺和痘痘，动作轻柔地按压周围的肌肤。放松僵硬的皮肤，使淋巴和血液的循环顺畅。

3

将体内垃圾往耳朵下方推压

为了重塑淋巴的流向，用大拇指轻柔地从下巴正中往耳朵下方推压。

4

从耳下流向肩线

为了让堆积在耳下淋巴的要处——"耳下腺"里的体内垃圾尽量排除，要像描线一般，用手掌的手指部分从耳下轻轻推向肩膀。

左右两侧

5

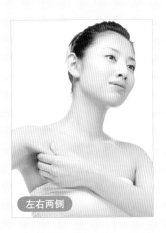

腋下前方

将除大拇指以外的4根手指插入腋下，配合大拇指夹住肌肤并轻轻按压。按压5次左右后换另一边进行相同动作。

左右两侧

6

腋下后侧

只将大拇指插入腋下，剩余的4根手指夹住腋窝后侧轻柔地按压。按压5次左右后换另一边进行相同动作。

左右两侧

保护肌肤免受花粉刺激和摩擦伤害

花粉症时期的滋润护理

水分是通透肌肤和黏膜的好伙伴

因花粉导致鼻子和眼睛痒痒的，对于有花粉症的人来说，春天真是难熬的一个季节啊。但是，因为发痒而搓鼻子、揉眼睛的话，皮肤会变干燥，皮肤粗糙会越发严重。

眼泪和灰尘也是一样的，一旦皮肤上留有杂质或能吸收水分的盐分，对于皮肤来说都是不小的刺激。此时若再进行摩擦，会产生相当的伤害。皮肤变得粗糙也是必然的了。

因此，最基本的是要用含有水的东西尽快将花粉、泪痕以及灰尘等轻轻擦拭干净。

擦拭时，不要大面积进行，要将棉棒或叠了好几层将纸巾用自来水或矿物水打湿，轻缓、柔和地擦拭每一个角落。眼睛的内眼角和外眼角是重点！

窍门之一是随身携带棉棒，一旦感觉有不对劲或是发痒就立即取出进行护理，这样就能使发痒、刺挠感慢慢减少。

最近，市面上的口罩使用无纺布的比较多，但是若将喷洒有薄荷油的棉纱放在口罩内对准嘴巴的位置上，口罩接触肌肤的部分将变得柔和，通过薄荷的香味也使鼻子更好地通气。

为了尽量减少鼻子和眼睛的不舒适感，保持口腔和耳道干净也是非常重要的哦。

让我们尽早准备好对策，保持滋润的肌肤吧！

用湿润的棉棒进行内眼角、外眼角的护理

如果白天化了妆，很多人就会犹豫是否滴眼药水。其实只要用湿润的棉棒将外眼角和内眼角清理一下就可以缓解不舒适和发痒感。随身要携带棉棒哦。

活用湿润的纸巾

擤鼻时，也用喷雾将纸巾打湿，轻轻地按在鼻子上。也可以使用市面上销售的湿巾。严禁用干燥的纸巾使劲擤鼻。

挠前对策——想办法提高舒适度

感觉到发痒时，要控制不去挠它真是很困难。碰上鼻子刺挠时，薄荷油的香气可以改善鼻子的通气，眼睛的发痒可以用湿润的棉棒，在感觉到发痒前事先进行处理。

要点

装水喷雾容器或是矿物水喷雾

装有新鲜自来水的喷雾容器或矿物水喷雾。可用于打湿擤鼻时使用的纸巾或是棉棒等。

千津老师爱用的薄荷油

北海道产薄荷（薄荷的一种）油。香气清凉宜人，通畅鼻腔。

薄荷口罩

1

将薄荷油喷在棉纱上

将少量的薄荷油喷在棉纱上，棉纱可从药店等地方购买。

2

轻轻放在口罩上

将棉纱放在口罩中间对准嘴巴的部位。薄荷的香味能使鼻子更好的通气。

自制湿巾

1

用水将纸巾打湿

在使用纸巾前用装了水或是矿物水的喷雾器喷洒在纸巾上。

2

轻轻按压着擤鼻

将纸巾叠起来，按住湿润的部分轻轻地擦拭。

眼部发痒的护理

1

浸透的棉棒清理外眼角

用装在喷雾瓶中的水或喷雾沾湿棉棒。一只手轻轻地按住眼角，另一只手握住棉棒将花粉和污垢去除。

2

清理内眼角

动作轻柔地将内眼角的花粉或污垢去除。即使化着妆也可以做到。

回家后的耳鼻护理

1

清理耳朵

要养成回家后将手和口腔都洗漱干净，再用湿润的棉棒清理鼻子和耳朵的习惯。

2

清理鼻子

耳朵和鼻子都是排泄器官，容易堆积污垢。用湿润的棉棒将角角落落都清理干净吧。

一口气消除晒伤、晒红、毛孔粗大问题

凉爽护理

早晨进行的话妆容效果也能提升！

夏季肌肤的烦恼主要为日晒、皮脂油腻、毛孔粗大，妆容易花等问题。

忙碌中好不容易打理好的妆容，经常只是稍微走几步路就开始花了。如果遇到这种情况，只需要很简单小工序，就可以让妆容重新再生，这就是利用冰块的凉爽护理。

这个方法是我以前在自己家中以及做沙龙的地方创造出来的，那时限定了一日只接待2位客人做这个护理。有客人会说"脸被晒红了真没办法"，为了平息晒红的地方，我就用果冻盒或是羊羹的空罐子来制作圆角冰块，再用保鲜膜包裹、拧紧后为她做护理。即使不买很贵的器材，这个方法在自己家中也能轻松坚持做到呢。

肌肤护理中，有恢复型和镇静型。夏天因血液循环加速，肌肤的代谢也变得活跃，这时要用镇静型的凉爽护理来让肌肤保持安定。若执意在被晒红或是出汗的肌肤上化妆，只会让妆容花掉哦。

防范日晒和妆容花掉的对策中，我还推荐用纱手绢包住保冷剂随身携带方法。我自己也实践过，只要将其放入带拉链的塑料袋中，就不用担心会在包内漏出来。即使是酷暑也要以凉爽的脸颊来度过哦。

要点

用圆角冰块轻压穴位

注意不要摩擦肌肤。不要让保鲜膜包裹的圆角冰块在肌肤上滑行，而是根据要点顺序以按压的感觉进行。

大方向是向右旋转

敷冰块的顺序基本为由内往外、自上往下、从右往左的右旋转。不要拘泥于琐碎的步骤，以放松的心情进行吧。

早上护理可防止妆花，晚上护理可镇静晒伤

凉爽护理不仅仅可以使表面凉爽，还能镇静肌肤内部。除了早上防止妆花而做护理外，在被紫外线伤害了一天的晚上也让肌肤镇静一下吧。

1

制作并储存圆角冰块

我们可以用果冻或羊羹的容器来做冰块，并将其储藏在冰箱冷冻室里。

2

包上保鲜膜再用手拿

将利用空果冻盒等制成的冰块用保鲜膜包裹并拧紧，中指和无名指夹住保鲜膜柄，使圆角的一侧可以贴到皮肤上。

3

缓缓按压，使肌肤凉爽

将冰块的圆角一侧轻柔地按压在肌肤上进行镇静。每一点都要用冰块敷。

5

从耳垂到耳后

从耳垂到耳后轻轻地按压3个地方，最后用力按压太阳穴后往上推开。左边也一样。

6

从鼻头到头顶

轻轻按压鼻头、鼻根、额头中间，一直到额头顶点的"百会穴"为止。

7

对为大脑供血的重要地带——眼睛中央进行冷敷后完成

两眼间与鼻根处是脸和脑供血、供热的交叉点。冷敷以收缩脸部表面的神经和穴位，要动作轻缓地进行。

4

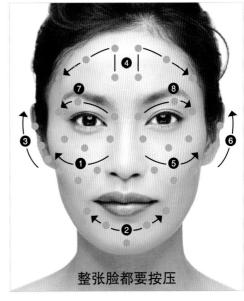

整张脸都要按压

❶ 右脸颊
动作轻缓地对从鼻翼边上往耳朵方向的3处、内眼角到鬓角的3处进行冷敷。

❷ 下巴
动作轻缓地对从唇下的中央位置往右的3处、从中央位置往左的3处进行冷敷。

❸ 右耳
动作轻缓地对从耳垂往上的3处进行冷敷。

❹ 额头
动作轻缓地对从右眉毛的上方到发际线再到鬓角的4处以左眉毛上方的相同4处进行冷敷。

❺ 左脸颊
和❶的右脸颊一样，从鼻翼边上往耳朵方向的3处、内眼角到鬓角的3处进行冷敷。

❻ 左耳
和❸的右耳一样。从耳垂往上，三处，动作轻缓地进行冷敷。

❼❽ 从右眼睑到左眼睑
动作轻缓地对从内眼角往外眼角的3处、从耳垂往上的3处进行冷敷。

白天用保冷剂进行瞬间凉爽护理，可以包裹在手绢中随身携带

将蛋糕或食物的保冷剂储存在冰箱中。平时可以用手绢包裹着保冷剂随身携带，一旦感觉到酷热就马上取出冷手绢来敷。因保冷剂的表面冒出的水滴会打湿的手绢，这便于擦拭汗干后的盐分。

将难以美白的斑点彻底美白

美白 3 段式面膜

化妆水面膜、草泥面膜、美容液面膜，三重武器消退斑点

佐伯式护理的基本方针是预防和按计划进行，所以美白的基本方针是一年四季都进行防晒，不能落下任何一天。

即使这样，对于依旧冒出来的斑点因暴晒而导致的斑点必须要下定决心，一定要让它们一点点变淡，最后将其消灭。

初春时，紫外线的强度开始增加，很多人都会为美白问题而感到慌张。然而，祛斑美白也和防晒一样，必须要每天坚持。

这时，若只是涂抹美白美容液，是不是很难感受到其效果呢？

一定要专心做好美白工作，让我们将能彻底吸收美白成分的"3 段式面膜"进行到底吧！

所谓的 3 段式指的是化妆水面膜、草泥面膜、美容液面膜 3 个阶段的面膜。

首先，要用化妆水面膜将肌肤调整为容易吸收美肤成分的状态；然后，用草泥面膜将沉淀已久的黑色素"吸出"，皮肤黯淡问题将立竿见影地被解除；最后，用被剪小的化妆棉浸泡美容液后的美容液面膜敷在斑点部位，并用保鲜膜包裹密封。

有的朋友已经在坚持每天都做 3 段式面膜了，最终将 1 元硬币大小的斑点成功缩小为比 1 分硬币还小的大小。

据说，这位朋友每天都在家中坚持做 3 段式面膜。她的热忱、毅力正是成功将斑点褪化所必须的。请大家一定要向她学习。

用3段式面膜来消灭斑点，集中美白

想要淡化顽固的表面斑点是需要毅力和决心的。空出时间来踏踏实实地坚持化妆水面膜、草泥面膜、美容液面膜的3段式面膜吧。

容易被晒伤的颧骨周围要重点美白

容易长斑的颧骨周围要作为美白护理的重点。能被冲洗的草泥型美白面膜对肌肤黯淡、斑点有立竿见影的效果。在颧骨周围厚厚地涂抹上进行重点美白。

防晒产品一年四季都要充分使用

充分使用防晒产品也是重点。将SPF20左右的有色隔离霜和乳液在手心混合，充分抹在整张脸上，这样既能防止紫外线，也能防止肌肤干燥。

要点

浸湿化妆棉

首先用自来水或矿物水将8cm×16cm的化妆棉彻底打湿，两手轻轻平压一下。

渗入化妆水

将无酒精类型的化妆水滴在化妆棉上数处，渗透到各个角落。化妆水的使用量约为1元硬币大小。

撕成5张

将化妆棉小心地撕成5等分的很薄的棉纱。

化妆水面膜

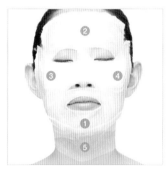

在脸的下半部分放一张

将其中一张放在脸的下方（①），鼻子和嘴巴部分用手指撕开个洞。将化妆棉彻底平摊到下睫毛处。

贴在脸的上半部分、两颊以及脖子上

第2张贴在脸的上半部分（②），眼睛的部位用手指撕开。第3张、第4张分别敷在眼睛下方的左右两颊处，一直伸展到下巴两侧（③、④），这样在容易干燥的眼睛下方就有3张重叠在一起了。第5张敷在脖子上（⑤）。3分钟后取下，两只手轻拍肌肤。

草泥面膜

草泥面膜+保鲜膜

用化妆水面膜使皮肤进入水分充盈的状态，然后在斑点部分涂抹上美白草泥面膜，并用保鲜膜密封起来，敷15分钟后洗净。

美容液面膜

美容液+化妆棉

只在斑点部位涂上美白美容液后，将化妆棉剪成约斑群大小，用同样的美容液浸泡后敷在斑点上面。

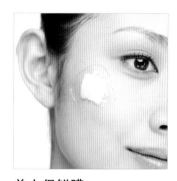

盖上保鲜膜

美白美容液化妆棉被剪小后用保鲜膜包起来，使美容成分能集中被吸收。只要没干，可以敷上30分钟。休息的日子里可以一边进行日间护理一边敷面膜。

每周一次

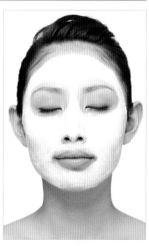

用美白草泥面膜以脸颊上方的部分为重点进行美白

大概每周一次，要用可洗净的草泥型美白面膜对因紫外线而导致的皮肤黯淡以及斑点的"排泄"进行特殊护理。厚厚地涂抹在容易出现斑点的颧骨周围进行重点美白吧。

冷热刺激来提高代谢

冷热美白护理

遭日晒的皮肤也能整体美白

"十几岁时经常晒太阳，现在就变黑了。""总是待在屋外而被晒黑了。"对付这样的日晒，即使是变黑的肌肤，也可以使用美白护理来令其恢复。

直到我14岁时还是个经常奔山中、泳川流、热衷于垒球、总是暴晒的野丫头。

后来因为憧憬奥黛丽·赫本而转进了室内乒乓球部。那之后，极力避免皮肤被太阳晒到，终于变白了。另外，我的母亲很喜欢园艺，所以一直被太阳晒到皮肤很粗糙，这也是我有"更喜欢白皙肌肤"想法的原因之一。

不过，大概过了很久以后，"被晒过的皮肤也能变白皙"这一观念是在母亲因癌症住院时才深切感受到的。

那时母亲已经84岁了，在和病魔斗争的一年期间，都是我来为她做肌肤按摩，就在这无需晒太阳的日子中，肌肤像重生了一般变得白皙美丽。

这段记忆告诉我，无论到了什么年龄都不需要放弃。我再次实际地感受到"不管到了多少岁，肌肤都是可以重生的"。

也就是说，即使每日都被日晒的肌肤，只要坚持做能唤醒它重生力量的护理，肌肤都是可以再次恢复成白皙美丽的状态，而这些与年龄无关。

重点是通过温冷刺激和按摩使血液循环加速，促进因日晒而导致僵硬的肌肤新陈代谢。

对于重新变亮的肌肤，我们要做的就是用防晒霜来保持它的白皙。

软化因日晒而变僵硬的皮肤角质层

经过日晒的肌肤会进入防御状态，角质层也容易变厚。久积的黑色素便会沉淀在其中。通过浸泡，将水分传达至肌肤深层，黑色素便会一个接一个地自然褪去。

用温冷刺激来促进代谢

日晒肌肤的新陈代谢容易变慢。洗温冷浴能促进血流，从而加速全身的新陈代谢，与此相同的原理下，温冷护理也可加速肌肤的代谢，从而恢复消除黯淡、滋润柔软的肌肤。

将提高护理效果的按摩作为习惯

佐伯式的化妆品涂抹方法就是V字形涂抹按摩。按照脸颊、额头、鼻梁、鼻翼、嘴角周围、下巴的顺序将乳液涂抹开，沿着肌肉进行按摩。

要点

1

用热毛巾来热敷

毛巾用水打湿后拧干，然后用电炉等加热，待冷却到不会烫的温度时敷在脸上。盖住耳朵，一直敷到毛巾变冷了为止。

1

冰箱中要常备冷毛巾

为了在夏天回家后能马上进行凉爽护理，将水打湿后拧干的毛巾用保鲜膜包好，放入冰箱中备用。

2

将乳液厚实地涂抹在5处

将乳液厚实地涂抹在两颊、鼻子上、额头、下巴5处。

2

用冷毛巾进行收缩肌肤

温暖护理的乳液按摩结束后，将冷毛巾敷在整张脸上，放置几分钟，到毛巾变热为止。

3

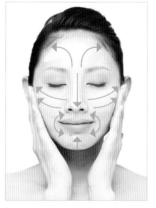

用手沾着乳液进行按摩

用V字形涂抹按摩方法，按照箭头的方向，用两手手掌轻缓地以脸颊、额头、鼻梁、鼻翼、嘴角周围、下巴的顺序将乳液抹开。

3

用手掌安定肌肤

一边感受着肌肤表面和肌肉的收缩，一边用两手的手掌包住整张脸，安定肌肤。

4

伸展额头

将乳液涂抹整张脸后，按照V字形涂抹按摩方法重复3遍，最后将一只手按在额头上作为支点，开始进行皮肤伸展。两侧都要进行。

再进行夜间惯用的化妆水面膜

让肌肤的根基——真皮也振作起来

真皮护理

通过恢复弹力变回富有活力且紧致的肌肤

因为冬天很干燥，肌肤失去了紧致和弹力。其实这不仅仅是干燥的原因，而是肌肤深层的"真皮"正在衰退的信号。

肌肤的真皮是由纤维骨胶原和弹性蛋白组成的结构来保持的，通过玻璃质酸储存大量的水分，从而形成弹性肌肤的"根基"。

若这一部分没有好好的运转，就感受不到肌肤的紧致和弹力了。再加上接近表面的"表皮"的新陈代谢也很混乱，在其影响下，也牵扯到了肌肤表面"角质层"的粗糙。

为了恢复原有的紧致和弹力，必须要对肌肤深层进行护理，使真皮、表皮、角质层构成牢固的3层构造。

为此，首先要将妨碍护理效果、堆积在表面的老旧角质用泡沫型磨砂轻缓地去除。

然后，对于同样是作为体内垃圾排泄窗口的脸部以及平时常常会漏洗的部分，要好好地进行清理。

接下来终于轮到恢复紧致、弹力肌肤的美容液出场了。

恢复紧致、弹力肌肤的美容液一般价格都很贵，但若是觉得"太浪费"而对其的使用量减少，效果也会变小气的哦！一定要根据产品说明书要求的量好好地使用，即使重复涂抹也要积极地进行。

认真用完一瓶后，一定会感受到肌肤的弹力和滋润度正在慢慢提升的。

用美容液好好浸透清理后的肌肤

通过去除老旧角质和污垢，肌肤被很好地调整，将更容易接受护理。然后按照产品说明书要求的量，每天都要坚持使用恢复紧致、弹力肌肤的美容液。

脸部护理时要清理角角落落

脸上对外开放的部分——眼、鼻、口、耳都能帮助身体抵抗外界而来的异物，同时也是排出废物的窗口。洗澡时，也要好好地清理它们。

角质层护理可以使保养效率提升

一旦新陈代谢变缓后，老旧角质便会堆积，从而使干燥的肌肤越发恶化。每周要使用一次磨砂剂对其进行清理，以保持明亮干净的肌肤表面。

要点

将护理的妨碍物一扫而空

去除久积的角质

将洗面奶揉搓至起泡沫
用温水洗干净脸后，用起泡网将泡沫型洗面奶好好地打起泡。

混入磨砂剂
将含有小球状磨砂的磨砂剂混入洗面奶的泡沫中。要避免带角形的磨砂。

涂抹在整张脸上后冲洗
避开嘴巴和眼睛周围，涂抹整张脸。比较在意的部分要像画圆一样轻轻涂抹3遍左右。不要擦掉，直接用温水冲洗。

洗澡时的局部清理

脖颈

耳朵

鼻子周围

后颈

耳后

发际线

平日里清洗时容易漏洗的脖颈、后颈、发际线等也要认认真真地清理。冲洗掉污垢和老旧角质后护理的效果也会进一步提升。

通过美容液来使真皮活性化

选择紧致、弹力肌肤护理的产品

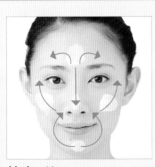

抹在5处
为了能涂抹到整张脸，先将美容液抹在两颊、额头、鼻子和下巴这5处，然后用双手手掌按照箭头方向涂抹至整张脸。

使其吸收
两手包住整张脸，轻轻挤压整张脸，使美容液被肌肤深层吸收。坚持每天使用，用完一瓶吧。

了解夏季伤害下的肌肤状况

"润滑紧弹血" 检查

查明 "总觉得不好" 的原因
才能采取相应对策

即使含糊地知道了皮肤状况好或不好，也很难弄清楚问题具体发生在哪里。

因此，一边摸着肌肤，一边按照以下 5 个要素的顺序进行检查：够水润吗？光滑度如何？紧致吗？弹力十足吗？血色还好吗？

通过对选取了这 5 个要素中的关键字 "润滑紧弹血" 的检查，可以知道肌肤状况不好时到底是缺少了什么，而且对于每日肌肤的变化也能有个敏感的感受。这样可以使护理更加灵活。

让我们不仅仅只是含糊地每日进行相同的护理，而是将 "润滑紧弹血" 检查出的不足想办法进行补救。

不仅仅是要配合肌肤状态选择化妆品，饮食中补充必要的营养要素也是变得更漂亮的一环。

首先，早上起床后要进行 "润滑紧弹血" 检查（洗完脸后再次检查）。这时重点观察晚上护理时涂抹的乳液是否已被充分吸收，脸部左右两边的平衡是否已被调整。据此来配合当日的肌肤状态进行护理。

晚上卸妆后，一边回顾这一天肌肤经历，一边对肌肤进行检查。对于日晒风吹等较重的地方进行修复措施。

早上的护理主要重视的是 "预防"，而晚上的护理则是 "修复" 的色彩比较浓厚。

另外，饮食也是非常重要的。如果有不足的要素，必须积极地使用可以弥补它的食物。

**检查 "润滑紧弹血"
5要素**

按顺序对润泽度、滑腻度、紧致、弹力、血色进行检查。要作为每日早晚的习惯，从而掌握一整天的肌肤状况，这样也可以把握护理的成果。

**对不足的要素进行
护理补充、饮食补充**

对检查中不足的要素进行护理补充，与此同时，也要吃可以弥补不足点的食物。肌肤是由食物中的营养成分而构成的，通过外侧的肌肤护理和内侧的食物营养补充来重新调整肌肤吧。

**配合一整天的肌肤状况
进行护理、化妆**

以检查结果为基础来增减护理。对化妆进行调整，可以暂时解决一部分的肌肤问题。另外，配合当日的日程，进行早晨 "预防" 和晚上 "修复" 的护理。

要点

水 (润) 度

大手指放在这里！

脸颊是否贴着手指被带起？

两手从两侧包住两颊

大手指压住耳后沟，小指位于外眼角附近，两只手从两侧包住两颊。

慢慢挪开

耳后的大拇指不动，慢慢地拿开手掌。这时，若贴着手掌的两颊有种跟着走的触感，水润度即可。

为了提升水润度

 护理　**给予肌肤充足的水分是保护肌肤的关键**

通过化妆水面膜等给予肌肤充足的水分。化妆品使用含有粗粮成分的保湿类型。最后一步最好使用乳霜而非乳液。眼睛要用眼霜，粉底要选择霜状或者乳状。

 饮食　**黏糊糊的食材或是黄绿色蔬菜**

为了保持水分，要积极食用黏糊糊的山芋、秋葵、纳豆，还有玻璃质酸含量丰富的清酒或是鸡翅。为了预防干燥，要积极食用胡萝卜素B含量丰富的南瓜、萝卜、菠菜等。

光 滑 度

按压鼻侧

并拢手指，轻轻按压鼻翼。检查脸上最容易出皮脂的这部分是否出皮脂。

检查皮脂量的不同

检查额头、两颊等其他部位的皮脂量。皮脂量不足的地方可以用手指将鼻翼上的皮脂推过去。

提升光滑度

护理 **除去老旧角质，变回柔软肌肤**

每周一次用泡沫型洗面奶和磨砂剂混合的泡沫磨砂进行角质层护理。油性肌肤的人还要进行"水润度"提升护理，以调整水分和油分的平衡。要避免化妆品涂抹过多或清理过度。

饮食 **推荐细胞间脂质食材和酸乳酪**

为了保持肌肤表面角质层的光滑，要积极食用魔芋或大米等细胞间脂质含量丰富的食材以及可以有效改善粉刺的酸乳酪。

紧 致 度

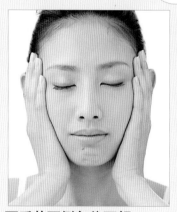

两手从两侧包住两颊

和"水润度"检查相同，大手指压住耳后沟，小指位于外眼角附近，两只手从两侧包住两颊。

向耳朵方向轻拉

两手手掌轻轻往耳朵方向拉，感受到两颊前侧在横向被拉伸。这时，若眼睛下方的肌肤纹理横向聚拢时即可。

提升紧致度

护理 **回复肌肤细胞代谢的混乱**

使用需要磨砂的角质层护理和化妆水面膜来调整肌肤的代谢。要注意会使肌肤流失水分和油分的日晒以及空调风，要使用膏、乳液或是液体类型，保证充足的睡眠。

饮食 **通过有利于弹性蛋白的食材从根基来提升紧致**

掌控肌肤紧致的是肌肤的根基——真皮的弹性蛋白。饮食上，也要积极使用有利于弹性蛋白的高野豆羹、鲣鱼骨、小沙丁鱼干、浆、小豆等食物。

弹力

手指夹住颧骨下方

分别用拇指和食指夹住左右两边颧骨的下方。指甲不要掐到肌肤，用指腹从侧面夹住。

厚度和痛感一样吗？

检查左右的不同

检查左右两颊被夹住部分的厚度和夹起来时的触感以及痛感是否一样。夹起时不需要用力的一边比较薄。

提升弹力

护理 ### 真皮护理保持不松弛

弹力不足是肌肤松弛的原因之一，要进行恢复真皮的骨胶原、弹性蛋白、玻璃质酸的护理。为了帮助美容液能更好地渗透，要用磨砂或是化妆水面膜先将肌肤表面调整光滑。

饮食 ### 骨胶原食材和维生素C

要积极食用富含骨胶原的鳗鱼、鸡翅、鱼翅、猪排骨、鲽鱼等，除此以外还有富含促进骨胶原生成的维生素的柠檬、番茄、花椰菜等。要养成左右两边平衡咀嚼的习惯。

血色

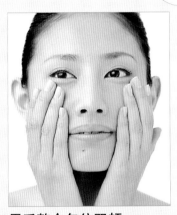

用手整个包住双颊

两手的手掌整个包住双颊。牢牢覆盖住脸颊前面的部分，慢慢传达双手的温度。

微微发红了吗？

慢慢放开

慢慢地将手掌从脸上移开。这时若两颊微微泛红，证明血色很好。这个检查还能提升血液循环。

提升血色

护理 ### 通过按摩促进血液循环

泡澡时用手掌进行按压双颊按摩，促进血液循环，捏耳朵按摩也很有效。因为肌肤的体力正在下降，注意不可涂抹过多的化妆品，要认真卸妆。

饮食 ### 补充铁，勤运动

要积极食用富含铁元素的蛤仔、鲣鱼、金枪鱼、羊栖菜、菠菜以及肝脏类等食物。另外，为了促进全身血液循环，散步等轻运动以及半身泡澡也很有效。

佐伯千津老师直接传授 内在美容的力量

『与其装饰表面，不如极尽肌肤之美』，这才是佐伯式肌肤护理。

再进一步讲，不仅是表面的肌肤护理，通过磨炼内在之美，让肌肤之美越来越闪耀。

让我们从身体内部开始美丽的『内在美容法』吧！

佐伯千津老师直接传授

内在美容的力量

"把感谢的念头表现在行
为举止上吧！"

表达谢意，
表示诚意

举止

"感谢相遇！"

见过佐伯千津老师的人都无法忘
怀的一瞬间——分别时她的90° 鞠
躬。即使是曾经做过销售员的人都
惊讶地说："我第一次遇到比最
看重礼仪的我做的鞠躬还要深的
人。"佐伯老师说："无论是在多
么慌张的情况下，都要表达出'感
谢这次相遇，今天非常谢谢'的心
情，要摆正姿势，深深鞠一躬。"
从她美丽的鞠躬姿势来看，的确能
传达她的这种心情。

美容的"容"是容貌、姿态、仪表的意思，而位于我们人体最外侧的皮肤之美则是支撑美容的支柱。

皮肤保护着身体内部的肌肉和内脏等，并从内部接受养分。所以，如果没有健康的身体，就不会有健康的皮肤。

至今为止，我已经向许多人传授了可以为拥有美丽肌肤的佐伯式肌肤护理（包括美肤饮食在内）。

希望大家明白，一个人之所以美，是因为他所做的以礼仪、礼节为代表的行为举止的美。

所以，就是现在，我强烈地想给大家传达一些有关"内在美容"的想法。

首先从"大家不知道的事"开始说吧。

知道却做不到的事情有很多，但是，如果不知道就永远不可能去实践。所以，首先希望大家能够积累丰富的经验，很多事情只有经历了才会明白。

在日常生活中更要有意识地去提高自我的感受力，通过学习传统和古老的智慧，你的美才会从内部散发出来。

现代社会中，在生活越来越便利的同时，也让很多事都成了"想当然"。

如今，人们往往容易忘记去感谢或者只是敷衍地传达一下感谢的心情。

每天遇到的人、吃到的食物、碰到的事情，向所有一切表达你的感谢之情，保持良好的举止。你的这些举止会让这份感谢的心情在周遭的人群中扩散。

为了成为内外兼美的女性，从现在开始就磨炼内在之美，开始"内在美容"吧！

精力充沛的问候会使气氛变得明朗

在匆忙的日常生活中，是不是连问候都越来越敷衍了呢？然而，问候是非常重要的。佐伯老师说："据说在危险的建筑现场，有人觉得在能相互问候的时候事故发生率比较低。以前我在公司工作时，总是非常快活地向别人打招呼，甚至会有人问我'为什么这么开心'。因为我知道，只凭一个问候就能让交流变得更为顺畅。"当进入一个有很多人在的地方时，别忘了微笑着大声打招呼！于是，整个氛围都会变得开朗，为接下来要做的事情开个好头。

传递感谢的心情时，要保持愉快的心态

将感谢的心情简短地写在代表季节更换的明信片上，这也是考验一位成熟女性的礼节的瞬间。佐伯老师说："如果是怀着完成任务的心情去写寄语是不会传达给对方的。我一直都在收集画了当季花朵的漂亮明信片。这张明信片他会不会喜欢呢？邮票是不是与季节相关呢？光是想想就很开心了。我的邮票收藏也很丰富哦！用讲究季节感和细节的心态，一边享受一边表达心情吧。快乐的心情好像也是会'传染'的哦！"

细腻

爱

佐伯千津老师直接传授

内在美容的力量

美肤饮食

"就着丰富的色彩，
享用当季食材吧！"

红色的
力量

色彩是力量之源

佐伯老师说："我认为，当季食物中包含了使身体健康的力量。但是也有例外，番茄就是一种整年都想食用的食物，所以，不是番茄的季节就喝美味的番茄汁吧。"番茄片加上小鱼和胡椒，再配上豆芽和鲣鱼干，就是一盘非常棒的沙拉了。酸奶配上蓝莓酱、生姜和蜂蜜，既赏心悦目又美味可口的一餐就完成啦。佐伯老师说："器具和拼盘也是料理的一部分。"

每种蔬菜都有其最美味的季节。我最喜欢的番茄是夏季时蔬，那时最好吃。食物是我们生存下去不可或缺的东西。但是，这并不代表只要吃了就可以了。

经常有人问我"吃什么对皮肤好呢"饮食最重要的就是营养均衡，如果只吃喜欢吃的东西、对身体好的东西、美肤的东西是无法获得健康和美丽的肌肤的。"营养均衡的饮食"有一个非常简单易懂的标准，叫做"色彩丰富的饮食"。

最近，越来越多的事实证明，"多酚"等食材的色素和香味的成分是对身体有益的。当季食材中含有丰富的色素成分，特别是番茄中的番茄红素、南瓜中的 β 胡萝卜素、梨与葡萄中所含的花青素等都含有丰富的防止身体氧化的抗氧化成分。

每天都均衡地摄入这些食物，结果就是拥有具有透明感的美丽肌肤。

此外，还有一点很重要，即在饭桌前要想着"真好吃"，对食物要怀着感激的心情。

而且，和家人谈话着进食能够使食物更加美味，但是即使只有我一个人，我也会愉快地自己夸奖自己"今天的菜做得很不错嘛"。除此之外，多一点点的用心，多下一点点工夫，都能使美食的享受更上一层楼。

把美味的番茄切成片，配上小鱼、芝麻、豆芽和鲣鱼干，再加上柠檬胡椒，能控制使皮肤黯淡的盐分。

为了防止新陈代谢停滞，使排泄通畅，千万别忘了摄取充足的水分。每天都要喝不含糖分和盐分的水 1.5L。

另外，如果因为天气热就光吃冰的食物，会使身体变冷，造成身体和皮肤的不适。因工作需要熬夜的时候，就不要再喝啤酒吃毛豆了，而应该吃带汤汁的挂面。

除此之外，洗澡也不能图凉快而冲凉，要在澡盆里放入热水好好温暖一下身体。这样细心照顾身体，第二天就会有非常"精神"的身体和皮肤。

为了不使身体变冷，便餐和夜宵也要吃温面

冷豆腐、啤酒、凉挂面……如果因为夏天天气热就净吃些冰的东西，会引起
寒症和不适。佐伯老师推荐的便餐是用温暖的汤汁作成的挂面。你也可以将
餐具、餐桌都设置成充满夏天的味道，享受其中的乐趣。

内在美容的力量

矫正身姿，调整身体

"通过磨炼姿势和背脊使背影充满自信！"

庄严

想象理想的体形和姿态

佐伯老师说："我永远的偶像奥黛丽·赫本。少女时期，我曾经模仿电影中的服装改作制服。" "68岁还能有这样的脊背！"经常有人这样惊叹，这都是我经常有意识地端正肩胛骨、洗澡时仔细清洗的成果。无论是体形还是姿态，请一定要养成经常想象自己偶像的习惯。

人的眼睛非常灵活，从上到下都能够注视。如果只关注镜子中正面的姿态，那么可能背影就会给人一种苍老的印象……这样就会让每天健康的快乐生活中出现不如意的地方。

我非常开心有很多人赞美我的皮肤"好年轻！好有弹性"，可还有一点令我很自豪的是我的背。让我注意到要锻炼背部也是我最喜欢奥黛丽·赫本的缘故。那是电影中的一个场景，她身着开肩的裙子，露出美丽端庄的肩胛骨。

从看到那个画面开始，我就决定"我也要拥有这样的背！我要变成奥黛丽！"那还是小学时的事了。

学东西就是这样，有榜样进步才快。对美的追求也是同样，就像我的偶像是奥黛丽，大家也一定要找一个能让你有"我要变成像这个人一样"的想法的人，每天都怀着要越来越接近这个人的意识。

怀着这样的心情去做护理，不光皮肤会改变，就连体形和姿态也会因为你的意识而越来越接近你理想的榜样。

保持美丽的体形和姿态还关系到是否能保持良好的身体状态。姿态不好，总是佝偻着背，内脏也不能好好工作了吧？

而且，从小就像疯丫头一样的我很喜欢运动，如果不活动身体，就好像哪里不对劲一样，所以直到现在，伸展运动和一些简单的练习仍是我生活中不可或缺的部分。

很多时候，运动并不需要我们换上运动服摆好架势再去做。在打扮之余或站在厨房的时候，都可以伸展自己在意的部位几秒钟或几次，使身体保持柔软。对我来说，这是我在治疗客人肌肤时能够以任何姿势去进行的基础。

让我们养成从镜子中不光只是注意自己的正面，还要从侧面、后面全方位检查自我的习惯吧。另外，日常生活中要时刻提醒自己不要佝偻着背。

通过每天的注意，还能防止"不知不觉就变成了驼背""在这种地方长了多余的肉肉"等问题的出现哦。

倾听身体的声音，伸展收缩的部位

只用一边的肩膀背包，总是用同一种方式跷二郎腿……这些日常的动作习惯会使身体的一部分萎缩并变得僵硬。"从少女时代起，我就有了不活动身体会变迟钝的感觉。"早上喝完咖啡之后，左右腿分别3次踢腿、5秒压腿以及左右两脚分别交替踏地3次等，一旦有"想要伸展这个地方"的想法，就赶紧小心地照顾这个部位。佐伯老师说："经常坐着工作的人容易驼背，大腿内侧的肌肉也容易变硬。"请参考佐伯老师的做法来细心照料自己的身体吧。

佐伯老师的施术椅

佐伯老师为了给客户进行皮肤治疗时不让自己的身体向前弯曲，使用了一把能够让膝盖支撑起笔直的上半身的椅子。佐伯老师说："即使是日常的动作，也要为美丽的身姿而努力。我在用这个姿势进行治疗时，经常会用保鲜膜包起来的热毛巾捂住自己的膝盖。因为如果我自己觉得冷的话，肯定会传给客人。我认为，为了全身心地投入工作，照顾好自己的身体对每个人来说都是很重要的。"

独创的磨背用具

佐伯老师设计的磨背用具。外侧是触感柔软的棉质毛巾，里面埋了棉球，能够恰到好处地刺激穴位。

揉搓

97

享受的心

一边感觉一边享受饮食

相信每位女性都愿意在生活中多采用一些"对皮肤好"的食材或茶饮。佐伯老师说："有意识地寻找对皮肤好的东西是件好事，但是我们食用的并不只是其中某种特定的营养成分。'真好吃''真漂亮''好香'，不要忘记美食所带给我们的这些愉悦。所以，请在用餐时间怀着感谢的心情去吃吧。在用餐或喝茶时看到美丽的容器和景色、听到悦耳的音乐等，这些都是身体和心灵上的'大餐'哦！"

佐伯千津老师直接传授

内在美容的力量

用五感品茶

"沏一杯茶，放松一刻，身体和皮肤都会得到滋润！"

即使是为了美肤而进行的饮食，也没必要做得很极端。的确，我喜欢的番茄、生姜、芝麻、酸奶等都是专业营养师们所说的"美肤之源"的食物，但是，我并不是因为它们对皮肤好才喜欢的，而是因为本来就喜欢吃，最后得到了皮肤变好得这个结果。

而且，我认为和"吃什么"同样重要的是"怎么吃"。

越年轻的女性就越容易专心于忙碌，往往为了填饱肚子就随便买一些熟食，甚至都不倒入碗里，直接拿起就吃。如果一直这样，身体和肌肤都得不到保养。

即使只有一个人，也要布置好餐桌，精心挑选餐具，好好享用刚刚做好的饭菜。只有像这样认真对待每一餐，我们的身体和肌肤才会美丽健康。

吃饭或喝茶时，眼睛看的、耳朵听的、鼻子闻的，所有能丰富我们感觉的东西都是有益的。放松自己，消化吸收也会变得很好。

此外，身体不太舒服的时候试试饮茶吧。欧洲有"一天一苹果，医生远离我"的说法，在日本也有"常喝茶不吃药"的传统智慧。

而我自从来到东京后，一直有让老家寄在檐前用太阳晒干的草药给我。最近经常喝矿泉水了，以前我都是自己煎这些草药来喝的。喝了之后，雀斑也变淡了，肠胃也变好了，效果非常明显。

说到茶，在生活变得越来越方便的今天，大概有很多人想到的是装在塑料瓶里的茶饮料吧。但是，在我看来，那只是饮料而已。

希望大家都能亲身感受一下茶真正的力量。沏一杯茶，放松一会，身体和肌肤都会得到滋润。

让自己的生活中充满美的东西和喜爱的东西

每天看到的东西对生活和身体影响很大!

"我买下这个公寓的其中一个原因就是窗户外的景致,是离海最近的建筑物,正面对着港口。在窗口能看到汽车、地铁、船等很多交通工具,来家里玩的侄儿也非常喜欢。"

每周六我都要把卡萨布兰卡重新插一遍,并把一些花剪短插到别的容器中,然后好好欣赏一遍。从容器中还能看到我喜爱的小青蛙。在这种环境的房间里生活,能让我放松地品味食物和茶,心也会获得养分。

整理自己的周围,让我们所能看到的、听到的、碰到的事物都可以让自己觉得舒适、惬意。生活的乐趣会越来越多。

丰富
五感

美肤茶
的起源

从故乡晒干的草药中
得到的启示

因为受从故乡寄来的干草药（上图）的启示，才有这包含了佐伯老师美肤愿
望的茶（左图），利用特殊发酵技术制成的口感醇厚的鱼腥草混合茶。

101

在能让你联想起原始风景的香味中平静心情

佐伯老师家中收藏了许多香炉。佐伯老师说："用陶制香炉焚上能让人浮想联翩的草原香料，自然的香味有种原始风景中的味道，只要闻到它就会感到平静。"

香味

尽力

**想尽各种办法
把心情传达给肌肤**

"没时间啊""好难做啊",不停地找借口是变不了漂亮的。"变漂亮吧""不要下垂哦",像这样和肌肤的对话是绝不可以吝啬的。丈夫刚去世时我整日以泪洗面,皮肤变得很差,后来是化妆水面膜让肌肤奇迹般地复活了。"对不起,这段时间对你不管不顾""我会好好护理你的,一定要复活哦",对于我的这些愿望,肌肤给了我满意的答复。

内在美容的力量

尽心护理

"让每一个步骤都包含我们的感情和用心吧!"

不吝啬时间，用心去做，一定能看到结果。我想这个道理不单适用于肌肤护理吧。烹饪也好，运动也好，对皮肤的护理也好，无意识的偷懒做法和有意识地花心思去做，差别很大。

佐伯式肌肤护理可以说是始于化妆水面膜也终于化妆水面膜，这是因为就像人体不能缺水一样，对肌肤来说，滋润是最为重要的。

虽说如此，要从肌肤外部补水却是出人意料的困难。肌肤为了防止水分从内部蒸发，阻止外部的异物入侵，具有很坚固的屏障功能。如果只是在表面涂上化妆品，水分和养分都只会停留在表面，无法渗透到肌肤内部。

于是就想出了能够延长附在肌肤表面的化妆水面膜。正如实际体验过的客户所说："既然买了化妆水，如果只是涂在脸上就太可惜了。请一定要用化妆水面膜让化妆水好好渗透哦！"用水打湿化妆棉，再浸满化妆水，撕成 5 片铺在脸上等待 3 分钟。只需如此就能使你拥有水润、细腻、饱满的皮肤。

天气变冷时，如果身体和肌肤受凉，就无法发挥本身的功能，变得僵硬笨拙。重要的是要下工夫温暖身体，用温毛巾温暖脸和脖子，促进皮肤的血液循环。

并且，寒冷时水分补给也容易变慢，用常温或者温的开水、茶从内部滋润身体吧。我喝水是用吸管喝的，这样还能锻炼肌肉，预防松弛。

任何事都没有绝对的作法。但是，下工夫放入感情，能让自己觉得开心愉快的人生才是"赚到了"。做护理的时候也要在每一步中放入感情，用心去做。

温暖血流多的部位和
冷的部位

佐伯式"温护理"的方式是用保鲜膜包住的热毛巾。毛巾沾水后用保鲜膜包起来，放入微波炉加热后直接使用。佐伯老师说："包着保鲜膜直接使用，既不会弄湿衣服，毛巾也不容易变凉。"用于洗澡或洗身体时能直接温暖脖子和背部的佐伯老师设计的新产品。

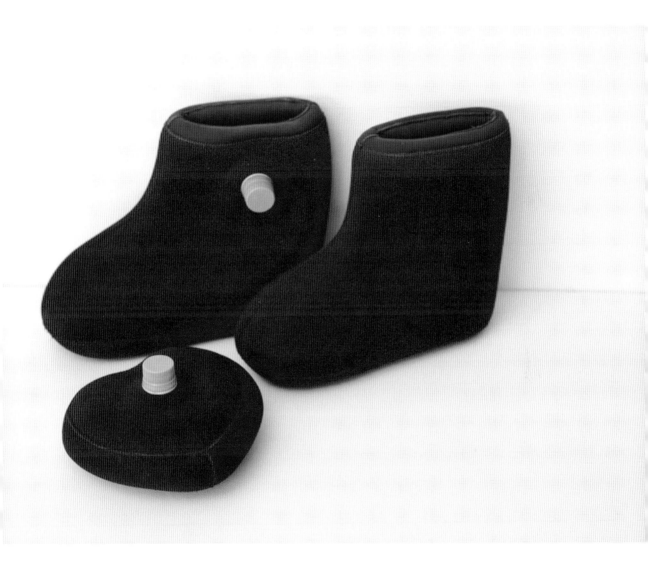

滋润

从体内补水

佐伯老师说："人体的60%~70%都是水，所以总想着应该多补充新鲜的水分。我每天都会喝1.5~2L的水。并且，喝水时也不仅仅是单纯的喝水，而是用吸管，脸颊用力，嘴角上扬地吸水喝，这样还能同时'锻炼肌肉'。经常咀嚼和上扬嘴角能防止脸部肌肉松弛哦。有时间的话，喝水时也可以做咀嚼的动作。"把为变美而做的努力融入日常动作中，并慢慢变成习惯，比起1个月做1次的特别护理要更能看到效果。

来自佐伯千津老师的
生存方式应对信息

作为美容家的48年间，除了肌肤护理方面，也接受关于人生方面的咨询。有许多《日经健康》的读者会咨询千津老师有关人生方面的问题。据说她的应对信息引起了许多女性的共鸣。

"不断向着快乐的、积极向上的方向努力，梦想就能实现！"

咨询内容

"千津老师，你好。听说你在五十几岁的时候贷款买了东京天王洲的公寓。是不是这能让你有'今后要更加努力工作'的动力呢？另外，千津老师能一直这么积极的秘诀是什么？请告诉我。"

（公司职员 36 岁）

五十几岁买公寓的时候，我丈夫刚刚过世，我面对着今后不得不一个人生活的状态。现在我已将这里当作家，但第一次遇到它是应朋友邀请来参观这栋建筑物的。

景致好，设备也很齐全，下雨天从车站到家都不会被淋湿！其实，我当时并没想到自己能买这一块的房产。

这是一次巨额购物，贷款的负担也会比较重，但是"既然人家愿意借给我那就买吧"，就这么做出的决定。

我已经有了这样的计划。退休后，每天在家里接待两位客人，为他们做护理，平静地度过。

在退休前，即使待遇问题迫得自己不得不考虑退休，我也能够欣然面对，因为这并非是我的错，我已经为公司做出了贡献。如果在退休金上能加以区别，那就努力到退休吧！反正还要还贷款呢。

如果我只追求金钱，恐怕早已成立公司去出售自己独创的化妆品了。

但是，在我的内心，我总是想把工作坚持到底。所以，我想努力到"退休"这个阶段为止。只要努力工作，金钱和财产都会有的，从一开始就把金钱当做目标并不符合我的原则。

如果非要选一种生活方式，那就给自己设定一个积极向上、快乐、充满希望的目标

每个人都有不同的目标去激励自己努力。把销售额的数字当做目标的也大有人在吧。

如果是我喜欢的事，让我觉得开心的事，我会比任何人都努力。别人在休息的时候我也会拼命工作，因为这对我来说并不是痛苦的事。

你说我总是很开朗很积极，因为我觉得"不积极一点就亏了"，这可能就是我保持积极态度的秘诀吧？

阴和阳选阳，前和后选前，上和下选上，因为我总是去选明朗、快乐的那一方。

另外，要追逐梦想，不要只看重钱。因为追逐梦想时你会离它越来越近，但是金钱不同，你追它时它反而会逃走。

希望你也能朝着自己努力的目标，充满自信地前进吧！

给咨询者的亲笔回信

在人生前进的道路中，目标、目的、梦想是很重要的，为什么这么说呢？家庭、工作、结婚、买房子、攒钱都需要有计划，需要思考之后再行动才会有结果。无法达成目标或者没有结果的时候，需要反省原因是什么，然后把一切都重新考虑一遍。也就是说，如果不断反复计划、行动、思考以及尝试，即便结果是错误的也不一定是件坏事。请好好思考究竟这是捷径还是绕了远道，还是需要变化。不是一定要先有物质基础、金钱基础才能达成目标，因为有目标的人比为了家庭而工作的人更加努力。合理运用自己的知识、智慧、战略、战术，在别人休息的时候努力加油，最后，包括金钱在内的所有条件你都会具备。

不要只追求金钱，更要相信自己追求的事业！不是和别人竞争，而是和自己的梦想竞争！

佐伯千津

"善于撒娇不如善于被撒娇，被人依赖的人一定能遇到合适的人！"

咨询内容

"周围人都说我很可靠、很细心、很会照顾人、很有男子气概。我从小就养成了自己的事自己解决的习惯，看着假装不会做事的学妹，既觉得可爱，又有点羡慕。经常因为自己做不到而觉得丢人，感到怯弱。看着慢慢变强的自己，却越来越没有自信。其实我很想撒娇，可是我不懂怎么去撒娇，我一说泄气话，就会被别人说'真不像你''别喝多了就无理取闹'之类的话。怎么样才能变得善于撒娇呢？"

（ 接待行业 30 岁 ）

"有男子气概"不是很好吗？我最喜欢像你这样的人了。被人依赖是因为你很自立，而且有魅力。

当然了，每个人都是靠和他人相互扶持生活下去的，撒娇的一方、依赖他人的一方对于一个成年人来说应该算不是特别有能力的人吧！

完全没有必要勉强自己装作不会或做出撒娇的动作。细心、会照顾人都是女性非常棒的优点。伪装自己去做并不适合自己的人，没有任何意义。

说说我自己的故事吧。我年轻的时候曾经在美容学校接受过培训，那时候的我恐怕是所有培训生中最没有女人味的一个，换成现在应该会被说是"有男子气概"。培训结束后，大家都直接回去了，而我因为最受不了烟味，会立刻把烟灰缸收拾掉，把黑板擦得一尘不染后再离开。

有一天，当讲师说"所有培训生中最有女人味的就是佐伯"时，我感到非常惊讶的同时，也强烈地感觉到了自己所做的事总有人在看。

容易被人依赖、做事能力很强的你是很宝贵的人才。只要对你的这种能力再加以磨炼，获得事业上的成功只是时间问题，将来在自己的家庭生活中也一定要把你的经验有效利用起来。

更有自信点，不要隐藏自己的能力。

培养你的五感，表现出最真实的自己

虽然没有必要勉强自己装出撒娇的样子，但是你最想要的是如何表现出女性的魅力吧？

如果是这样的话，就要学会培养自己的五感，表现出最真实、自然的自我。

吃到好吃的东西时，"哇！好好吃！"听到喜爱的音乐，"我最喜欢这首曲子了！"看到美丽的花朵盛开，"哇！好漂亮！好香呢！"像这样把自己的感受坦率地表现出来吧。五感会变得丰富，在每天表现快乐和感激的时刻增加之后，最可爱、最真实的你出现的机会也会增加吧！

当你在坦率地表达出五感时，某一天突然没有人再说"这可真不像你"了，那一瞬间证明，你很好地表现了最真实、可爱的自己。

这种瞬间积累的结果，让你和与你有着共同兴趣和感受的人相遇的概率也会变高的。

在遇到喜欢你的能力、细心以及真实的一面的人之前，请不断地丰富自己的心灵吧。

给咨询者的亲笔回信

你的烦恼恰恰是你很棒的优点。你不是只会机械地进行操作，而是工作能力很强的人。你被人尊敬是因为你的人格本来就值得尊敬。而且，正因为你会照顾人才会被人依赖。现在，比起对人撒娇，不如让别人对你撒娇，对你依赖，因为像你这样的人是被社会需要的人才。不要忘记现在这颗纯真的心，努力工作吧，10 年后你一定会成为顶尖的人才，一定会遇到一个对的人，并且把家里料理得井井有条。让自己变得更擅长被人依赖吧，我最喜欢有男子气概的女性了，有机会想跟你见面聊聊。

佐伯千津

3

"确定好各人的职责内容，按轮班制照顾家人。为自己寻找放松的机会。"

咨询内容

"我们家是三代同居，照顾着九十多岁的祖母。祖母主要是妈妈在照顾，但是前两天她做了乳腺癌手术，到现在一直在服药。虽然我一直让自己保持笑容，可最近因为疲劳，再加上妈妈身体不好，大家都很烦躁，家里的氛围变得很差。怎样才能很好地转换心情呢？"

（保姆 20 岁）

你们能够全家人一起照顾老人，真厉害！当然，负担也会相对较大，感谢自己健康的身体，感谢能够让你照顾他们吧。

我自己在看护自己母亲、丈夫的母亲以及丈夫时，都怀着强烈的"请让我看护"的心情。

只是，看护所需要的劳力是非同一般的。

确定好家人责任分担，试着做一张排班表

在三代同居这样一个好环境中，请发挥出你保姆这份工作的特色，来管理每天的日程吧。托儿所中的保姆每天都会把孩子们的日程排得很细，把它应用到看护上就可以了。

既然你们是三代同居，说明家里人手还是很多的。因为看护是每天都需要的，那么就尽可能地全家人去分担晚上的值班、换尿布等。可能的话，请一位护理员也是不错的选择。让大家都有"我能做这个"的想法，一起来帮助你。

事先确定好食谱，将买菜的人、做菜的人、收拾卫生的人全部都安排好。只要事先定好了，大家就能从容不迫地去行动。反过来，如果没有定好，做事情就会显得匆匆忙忙。在做看护时保持从容镇静的心情很重要。

在调整看护体制时，希望能够考虑被看护一方的心情。让别人帮自己换尿布时，即

使对方是自己的亲孙了也会感到难堪。大多数人还是希望由自己女儿来做，也许正是因为这样的原因，你们的母亲才成了看护的主力吧。

你们母亲做了乳腺癌手术肯定受了许多苦，但是既然手术成功了，就别再把她当作病人，告诉她"治好了真是太好了"来慰劳一下战胜病魔的她吧。这样妈妈也会打起精神来的。

动脑筋刺激五感，让心情保持从容

在此基础上，创造一个全家人相互支持的乐观的环境吧。在这种时候，没有必要勉强自己保持笑容，就说一句"对不起，今天太累了"，把心情传达给大家就可以了。对话是保持开朗氛围不可或缺的东西。

另外，尽量保持从容不迫的心情，比如听听音乐来刺激五感。一边听音乐一边放松，这时如果病人问你要水，就能温柔地回答"好的，我这就去倒水"。

通过只有家人才能做到的充满爱的看护来进一步提高家的凝聚力吧。

给咨询者的亲笔回信

让自己的生活过得有声有色。

肯定有一些事是只有身为"保姆"的你才能做到的。把对家人的爱作为保姆"工作"的一部分，定好每天的日程，规定好所有任务分配。你的情况我也经历过，所以我明白，无论感情多深，多么想做，我们都只是肉体凡胎而已。正因为你健康，才让你看护，你才能工作。能够在二十几岁时有这样的经历是很棒的，应该心怀感激，这些生活经历肯定会对你今后的人生有所帮助。笑容从哪来？来自感谢。幸福、欢喜、高兴和平静的心灵，变得温柔。这样就会有感谢的心情，就会有笑容，人们便会低下他们的头，这就是"行礼"，双手合十，低下头颅。感谢那些让你积累精神、健康和经验的事。喜悦能得到微笑的回报，你的笑容会得到笑容与感谢。

佐伯千津

"四十几岁正是努力的时候，调整周遭环境，让自己享受工作。"

咨询内容

"工作太忙，最近感到已经到了体力极限了。我想更珍惜和家人在一起的时间，也在考虑是继续现在这份繁重的工作，还是先辞职休养一下身体。但是，一旦辞职后再就职就很困难，为此感到很迷茫。"

（公司职员 40 岁）

工作是需要有思想准备的。也许我说的有点严格，40 岁完全应该是全力以赴工作的时候！"体力的极限"这种话，应该是老太太才说的吧！

就说我自己吧，经常把睡眠时间用来埋头工作。要做出一个自己认可的，把自己独特的想法变成一种有形的东西，无论如何都是需要做足准备的，我经常工作到凌晨两三点。丈夫过世之后，我的周末也往往排满了工作。

也正是这样埋首努力才让工作变得"有趣"。

从你的话语中我不知道你是做什么工作的，但是，如果你对现状不满，也许是因为你的工作方式和时间的使用方法不是按"享受"的原则来进行的。

当然了，有些工作或许我会劝你"赶紧辞掉吧！去寻找自己新的可能性吧"。

但是，至于体力上的问题以及希望与家人多点相处时间的问题，应该是因为你对现状不满才有的想法。

重新调整自己工作的方式和生活的方式

虽然前面说了很多很严格的话，但是我也十分理解你目前的心情。

40 岁以后，工作的数量、质量、要求都会发生变化，使人心理上的疲劳也会增加。

如果把"和家人在一起的时间"具体为"周末一定要休息一天"，那就能安排平日的工作，肯定能把休息日排出来吧？

此外，决定好的事情事先做准备，这也是有效利用时间的一个秘诀。

比如说，如果不想在每天早上都犹豫穿哪些衣服，周末的时候就应该把下周丈夫和自己要穿的衣服都决定好。如果有孩子，就确定好要给他吃哪些零食……通过这样的准备，时间就能挤出来。

而且，只要是工作的人，肯定都会有对自己的前途感到迷茫和烦恼的时候，那就找一个能在这种时候给你出主意的人。我认为这也是"工作"的一部分哦。

这时候，最好是根据想要商量的内容从三两个比自己年长的人中选一个。

说给和自己年龄差不多的女性听，往往最后变成抱怨大会，也或者只是让对方说出了自己的心中所想。最好在平日里就与一些值得尊敬的长辈保持良好的关系。

如果你认为现状已经超越了你的极限，说不定这是你找到自己真正想做的事的一个契机哦。期待你整理心情，踏出新的一步！

给咨询者的亲笔回信

工作本身应该是很开心的事。为自己独特的创意竭尽全力，为一周的工作精心安排。当然，健康管理也是工作的一部分。四十几岁正是享受工作的时候，工作越多越充实，越忙越能体现自我的价值。总是为家庭和工作之间的平衡而烦恼和抱怨是不会进步的。今后不要只会猛冲，要学会思考，任何事情都需要计划和思考，让心情保持从容就一定能做好。四十几岁应该有充实的工作和幸福的家庭生活，享受自己的工作，爱自己的家庭。只有这样才能让别人快乐，也才能获得帮助别人的快乐。让别人快乐，就是在贡献社会。现在就是个好机会，好好地为自己做个决定吧，让自己能够积极、开朗、快乐地走下去！

佐伯千津

佐伯千津老师喜爱的
美丽小物件

佐伯老师介绍了与美丽肌肤、生活、生存方式相关的"美丽小物件"的故事。
从她与物品的相遇、对待方式、深思等中也能看出佐伯老师的审美意识。

万宝龙钢笔

"这是45岁时在巴黎买的。原本，我过世的丈夫是非常喜爱这种一流产品的人，钢笔总是用万宝龙的。现在我也把它当做一个留念，非常珍惜。对我来说，钢笔是'成人的标志'。作家都是用它来写稿子的，对这种想象的憧憬特别强烈，所以我也会用这支钢笔签字，那我的憧憬就实现了，然后就会特别开心。用这支钢笔以成人的语气写一封信，配上精致的明信片和邮票，让世界变得开阔的感觉也很棒呢。"

绘有盛开花朵的咖啡杯

"我喜欢绘有盛开的茶花的器具。如果香浓的咖啡用喜爱的杯子来喝，会变得更加美味。这只向日葵咖啡杯是由佐贺县有田烧窑的馆林喜助先生制作的。第一次的遇见是二十几年前在长崎买了一个印有香毛草花纹的杯子，之后在百货店找到其他向日葵、木兰花图案的茶碗、杯子，就这样一个个全部收集全了。被喜欢的事物和美丽的事物包围着，根据季节每天变换使用，不仅让餐桌充满了情趣，心也会感到幸福。"

喜爱的茶具

　　"我家里的器皿多到可以开店了。在旅行地买了许多和餐具配套的心仪的樱花花纹的茶具，根据季节选择使用。煎茶、焙茶、泡茶，不同的茶用不同的茶具，这也是饮茶的乐趣之一。餐具被认为是饮食的一部分，而茶具也是茶的一部分。自己喝茶时也能享受，为客人倒茶时，还能表达自己的待客之心。

有故事的面霜瓶

"这是我在法国的化妆品公司娇兰工作时就非常珍惜的小瓶子，它的名字叫'heure bleue'，法语中"蓝色时光"的意思。是指黄昏时天空的颜色，战地的士兵思念妻子的香味，现在还有这个名字的香水。同样形状的蓝色小瓶的是'sukure do bofamu'的面霜，能够使肌肤拥有'让人想触摸'的质感，当时引起了很大的反响。因其给大众留下的印象太深刻了，到现在都还摆放在银座沙龙的入口，小心翼翼地保存着。"

下决心挑战的深红色皮靴

"我本身是比较喜欢单一的服装和鞋子的，但是退休后，授课、演讲等需要站在很多人面前的机会越来越多，60岁时下决心穿的红色夹克受到了好评，我自己也仿佛更有精神了。于是，在准备65岁生日活动时一眼看中了这双皮靴。正好是'我想穿的颜色'，也不管它惊人的价格就买了。后来，这双深红皮靴就成了我心中第一的'关键皮靴'，一直都很喜欢穿。如果平日里就想象着'我要是有这种东西就好了，我喜欢这样的东西'，那么遇到的时候马上就会做出决定，并且很长一段时间内都会很爱使用。"

媒体 老师，您对自己新出版的《佐伯千津的美肌课堂》是如何评价的？

佐伯 这本书中介绍的很多东西跟以往不太一样，放进了一些我日常生活中的点滴心得，非常开心，也非常满足。内容部分我尽量写得简单易懂，并且配了大量写真，请大家结合写真一起阅读，很好理解的，哈哈！

媒体 这本书的重点在哪里？您最想转达的内容是什么呢？

佐伯 最想说的是"身体的美容"。如果没有健康的身体，一切"美容"都无从谈起。所以，一定要保持我们身体的健康。当拥有元气满满的身体时，皮肤才会发光。不足的部分，可以用化妆品补充。

身体是通过食物进行营养补充的，早、中、晚都要好好地摄取营养。早上不好好吃饭，就不能好好工作；晚上不好好吃饭，就不能好好睡觉。皮肤也一样，需要早、中、晚全面护理。早上清除皮肤中的污垢，是为了预防皮肤疾病，晚上补充充足的营养，是为了肌肤复苏。身体的变化会带来皮肤的变化。人有五感，视觉、听觉、嗅觉、味觉、触觉，每一个感觉都会影响你的身体。

这些都是以往图书中没有涉及的知识，这次统统都写进去了。

媒体 美肌的秘诀是什么呢？这也是我个人非常感兴趣的事情。

佐伯 第一，饮食。这也是我经常对朋友们说的事情，一定要充分摄取自己喜欢的当季食物。健康就是均衡摄取营养，即便是自己不喜欢的食物，也可以做成喜欢的味道。食物就是健康和美容的源泉。

第二，咀嚼。吃食物的时候，一定要带着意识去咀嚼，感受食物的嚼劲、香气、颜色等。有意识地左右互换着咀嚼，左边咀嚼完，右边再咀嚼，然后再左边、右边……你会慢慢发现，两边的感觉是不一样的。这就是带着意识去咀嚼。

第三，一定要使用双手。涂面霜的时候不能用单手，要使用双手。因为人的身体是左右对称的，有右脑，也有左脑。而脸部的局部下垂问题，原因之一就是因为用单手护理的结果。清洗面部、涂面霜等都是肌肤的再生护理，一定要双手进行，让下垂的部分慢慢均衡地提上来，这就是美容理论。

Chizu Lotion<保湿化妆水>
300ml / 产自日本
来自美容大师佐伯千津的美丽魔法单品
正式登陆中国！

　　第四，一定要坚持。很多人买了面霜，使用后看不到任何效果，又去换新的产品，然后就剩了很多化妆品。告诉你，一定要坚持到最后，这才是最重要的，因为很多产品都是使用 2~3 个月后才能逐渐看到效果。

　　第五，活化女性荷尔蒙。在我们使用化妆品护理肌肤的时候，一定要在脑海里想象着一个异性，谁都可以，可以是男明星，也可以是男朋友。此时我们体内会分泌更多的女性荷尔蒙，促使身体更好地吸收化妆品，让护理效果更好！

　　以上 5 个要点就是我的美容秘诀啦！（笑）

　　媒体　最后您有什么可以分享给读者朋友的美肌经验吗？

　　佐伯　皮肤也需要呼吸，所以我们需要卸妆，去除皮肤污垢，然后供给营养。很多年轻人都不懂这些道理，只会看化妆品有多少效果，品牌多有名，价格多昂贵……不知道自己目前缺什么，需要补充什么。

　　你看，我都 73 岁了，但我有自信让你过来摸摸我的皮肤。当你对自己的肌肤充满自信时，整个人的状态就不一样了，因为你就是这么漂亮！

　　媒体　真是太感谢您了，佐伯老师！希望您永远美丽！

　　佐伯　谢谢每一位读者朋友，希望你们越变越美！

佐伯千津老师

美肤师、沙龙 Salon Doré Ma Beauté 代表

1943 年出生于日本滋贺县。

在活泼的少女时代，被电影中奥黛丽·赫本的美深深打动，决心自己也要拥有像她那样美丽雪白的肌肤。于是，她从垒球部转到乒乓球部，从此以后成了室内派。

在经历美容学校和美容院的学习、工作后，1967 年（24 岁）进入法国娇兰化妆品公司。之后，由于丈夫的工作调动去往美国，在那里用肌肤感知了美国美容业界的特征。

30 岁回国后，重返职场。40 岁时因看护深爱的丈夫而辞职。

即将 42 岁时丈夫去世，深受打击的她每日以泪洗面，皮肤状况变得很差。这时，靠化妆水面膜使肌肤复活，之后，这也成了佐伯式肌肤护理的基础。

1988 年（45 岁），进入法国化妆品公司 Parfums Christian Dior，并成为国际培训经理，指导美容部成员。

1994 年（51 岁），掌管日本帝国酒店内的沙龙，被誉为拥有"神之手"。

2003 年（60 岁），退休后，开办沙龙 Salon Doré Ma Beauté ，发表著作《佐伯千津的"手掌"护理化妆》。用自己的手使自己变美的美容法立刻就受到了广泛好评。

2004 年（61 岁），开设美容学校"佐伯式美肌塾"，培养了许多美容师。

2008 年（65 岁），把沙龙迁到了盼望已久的银座。

2011 年 4 月，有关美丽与食物的电子杂志《美肤茶房》（http:// bihadasabo.jp/ ）创刊。

2011 年 10 月，开始出售原创化妆品 "CHIZUBY（chizuby）"。

如今，已著书 40 本，每天都在通过杂志、电视等媒体以演讲的方式向女性传达佐伯式美肤法。

著作权合同登记号：冀图登字 03-2013-058

版权所有·翻印必究

图书在版编目（CIP）数据

佐伯千津的美肌课堂 / 日本日经商业出版编著；厉
晓静译 . -- 石家庄：河北科学技术出版社，2014.10（2022.4 重印）
ISBN 978-7-5375-7169-2

Ⅰ.①佐… Ⅱ.①日… ②厉… Ⅲ.①女性－皮肤－
护理－基本知识 Ⅳ.① TS974.1

中国版本图书馆 CIP 数据核字 (2014) 第 171795 号

佐伯千津的美肌课堂

日本日经商业出版　编著　厉晓静　译

策划制作：北京书锦缘咨询有限公司（www.booklink.com.cn）
总 策 划：陈　庆
策　　划：李　伟
责任编辑：刘建鑫
设计制作：柯秀翠

出版发行	河北科学技术出版社
地　　址	石家庄市友谊北大街 330 号（邮编：050061）
印　　刷	北京利丰雅高长城印刷有限公司
经　　销	全国新华书店
成品尺寸	185mm×260mm
印　　张	8
字　　数	130 千字
版　　次	2014 年 12 月第 1 版 2022 年 4 月第 10 次印刷
定　　价	39.80 元